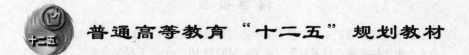

普通高等教育"十二五"规划教材

土木工程安全生产与事故案例分析

李慧民　主编

北 京

冶金工业出版社

2016

内 容 提 要

  本书主要介绍了土木工程安全生产与事故分析的基础知识,对10个土木工程安全生产的案例进行了剖析与评价,同时对10个土木工程安全事故产生的原因、性质及整改措施进行了论述,并结合土木工程、安全工程专业课程设计的要求,编写了20个土木工程安全生产与事故分析课程设计题目。

  本书可作为高等院校土木工程、安全工程、工程管理、建筑环境与设备工程等专业的教科书,也可供建设单位、施工单位、监理单位及建设主管部门工程技术人员和管理人员参考。

图书在版编目(CIP)数据

土木工程安全生产与事故案例分析/李慧民主编 . —北京:冶金工业出版社,2015.3(2016.6 重印)

普通高等教育"十二五"规划教材

ISBN 978-7-5024-6857-6

Ⅰ.①土…　Ⅱ.①李…　Ⅲ.①土木工程—安全生产—高等学校—教材　②土木工程—工程质量事故—事故分析—高等学校—教材

Ⅳ.①TU712

中国版本图书馆 CIP 数据核字(2015)第 045751 号

出 版 人　谭学余
地　　　址　北京市东城区嵩祝院北巷 39 号　邮编　100009　电话　(010)64027926
网　　　址　www. cnmip. com. cn　电子信箱　yjcbs@ cnmip. com. cn
责任编辑　杨　敏　美术编辑　吕欣童　版式设计　孙跃红
责任校对　禹　蕊　责任印制　牛晓波
ISBN 978-7-5024-6857-6
冶金工业出版社出版发行;各地新华书店经销;三河市双峰印刷装订有限公司印刷
2015 年 3 月第 1 版,2016 年 6 月第 4 次印刷
787mm×1092mm　1/16;13.75 印张;327 千字;201 页
30.00 元
冶金工业出版社　投稿电话　(010)64027932　投稿信箱　tougao@ cnmip. com. cn
冶金工业出版社营销中心　电话　(010)64044283　传真　(010)64027893
冶金书店　地址　北京市东四西大街 46 号(100010)　电话　(010)65289081(兼传真)
冶金工业出版社天猫旗舰店　yjgycbs. tmall. com
(本书如有印装质量问题,本社营销中心负责退换)

《土木工程安全生产与事故案例分析》
编写（调研）组

组　长　李慧民

副组长　孟　海　　陈曦虎　　陈　旭

成　员　万婷婷　　王　静　　王孙梦　　田　卫　　田　飞

　　　　齐艳利　　刘青青　　刘　青　　李　勤　　李春轩

　　　　李　轩　　李庆森　　李　倩　　李家骏　　李　杨

　　　　陈雅斌　　陈　博　　张　扬　　张小龙　　张文佳

　　　　杨战军　　杨　彪　　钟兴润　　赵向东　　赵　地

　　　　段小威　　郭海东　　高欣冉　　黄亚伟　　徐晨曦

　　　　黄依莎　　蒋元苗　　董文静　　谭菲雪　　裴兴旺

　　　　廖思博

前　言

　　"土木工程安全生产与事故案例分析"是高等院校土木工程、安全工程等专业的主要专业课程之一。本书较全面系统地阐述了土木工程安全生产与事故分析的基本理论与方法。其中，第 1 章主要论述了土木工程安全生产的内涵；第 2 章主要分析了安全事故发生的机理、原因及预防措施；第 3~12 章主要针对不同施工现场剖析了安全生产管理的现状、特征、存在的问题及需改进的环境；第 13~23 章主要针对已发生的各类安全事故探讨了事故发生的原因、特征及整改的方案；第 24~25 章主要结合土木工程、安全工程专业课程设计的要求阐述了课程设计的内涵，并编写了 20 个课程设计题目。

　　在编写过程中，得到了西安建筑科技大学、北京建筑大学、中天西北建设投资集团有限公司、中冶集团建筑研究有限公司、陕西通宇公路研究所有限公司、西安市住房保障和房屋管理局、西安市建设管理委员会、陕西省建筑业协会、陕西省建筑集团公司、中国建筑集团总公司、西安工业大学等单位的教师和工程技术人员的诚恳帮助，特别是在现场调研过程中，均得到了领导与同事们的大力支持，并参考了许多专家和学者的有关研究成果及文献资料，在此一并表示衷心的感谢。

　　由于编者水平有限，书中不足之处，敬请广大读者批评指正。

编　者

2015 年 1 月

目　　录

第1篇　土木工程安全生产与事故分析基础

第2篇　土木工程安全生产案例分析

第 3 篇　土木工程安全事故案例分析

第4篇　土木工程安全管理课程设计

第1篇

土木工程安全生产与事故分析基础

1 土木工程安全生产分析基础

安全是生产之本，安全的生产条件是生产活动的根本保障。随着我国经济建设的迅速发展，土木工程行业已发展成为国民经济的支柱产业，但粗放的管理方式使大量安全生产问题日益突出，每年因土木工程安全事故而丧生的从业人员达数千人，直接经济损失逾百亿，给国家、企业及个人带来巨大的损失。因此，根据国家"安全第一、预防为主"的生产方针，土木工程项目管理过程中，安全控制成为质量控制、进度控制和成本控制的前提。

由于土木工程生产活动需要对各种资源进行调度和组合利用，存在复杂的人、机、环境条件的交互作用，同时还具有多工种、多工序、规模大、实施过程复杂等特点，所以必须通过系统的安全生产控制才能良好地实现施工企业及工程项目安全生产的目的。

土木工程安全生产主要包括安全生产管理、安全生产技术、文明施工三大方面。其中，安全生产管理主要包括安全生产管理制度、安全生产管理机构、安全技术交底、安全生产检查、安全生产例会、安全生产教育培训、劳务分包单位管理、安全资金保障、应急管理等方面；安全生产技术主要包括：基坑工程、脚手架工程、模板工程、高处作业、施工机具、施工用电、塔吊起重与起重吊装、物料提升与施工升降机等方面；文明施工主要包括：文明施工目标及计划、文明施工方案、文明施工执行及检查等方面（见图1-1）。

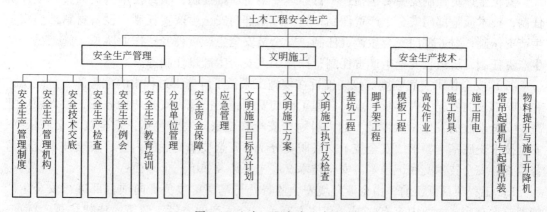

图1-1 土木工程安全生产组成

1.1　土木工程安全生产管理

1.1.1　安全生产管理制度

无规矩不成方圆，在施工企业的生产活动中实现制度化管理是一项重要课题。安全生产管理制度的制定应符合我国现行安全法律和行业规定，制度内容须齐全且针对性强，要能够体现实效性和可操作性。一部合理、完善、具有可操作性的管理制度，有利于企业领导的正确决策，有利于规范企业行为，有利于一线生产活动的安全实施，能够良好杜绝或减少安全事故的发生，为企业的安全生产奠定坚实的基础。

安全生产管理制度主要包括：安全生产责任制度、安全技术交底制度、安全生产检查制度、安全生产例会制度、安全生产奖惩制度、安全生产教育培训制度、分包单位管理制度、安全生产事故报告与处理制度、安全生产资金保障制度、安全用电管理制度、机械设备管理制度、应急预案与响应制度、材料管理制度、消防保卫制度、环境保护制度等。

（1）安全生产责任制度。责任是安全的灵魂，责任制是安全管理中最主要的制度。通过建立健全责任制度，可明确各级管理人员、作业人员的责任和义务。施工企业主要责任人要负起安全生产领导责任，构建以企业法定代表人为核心的安全生产责任体系，建立"企业—项目部—作业队（班组）—作业人员"的安全管理责任链。企业与项目部、项目部与作业队（班组）、作业队（班组）与作业人员之间要及时签订"安全责任书"，明确各方安全责任、分解并落实安全目标，建立"横到边、纵到底、专管成线、群管成网"的安全生产管理体系，形成全员管理格局，以有力地保障企业安全生产目标的顺利实现。

企业在日常工作中要经常检查和监督责任落实情况，发现纰漏应追究责任人的责任，故责任制的核心是责任追究，即"问责制"。《安全生产法》、《建设工程安全生产管理条例》等法律法规均有安全生产责任主体的界定及针对责任单位和责任人的处罚规定。企业可依据相关法律法规制定企业内部的安全生产责任制度和安全生产责任追究制度，一旦工作落实不到位或发生安全生产事故则严格追究责任，有利于各级管理人员提高安全生产的重视程度。

安全生产责任制度主要包括：项目经理安全生产责任制；项目技术负责人安全生产责任制；技术质量部门安全生产责任制；施工计划部门安全生产责任制；设备材料部门安全生产责任制；财务部门安全生产责任制；安全员安全生产责任制；作业队长、施工员安全生产责任制；班组长安全生产责任制；操作工人安全生产责任制等。

（2）安全技术交底制度。该制度旨在使施工人员了解施工过程中的危险源、危险工艺和危险部位的概况、内容及特点，掌握正确的安全施工措施、安全防护方法，最大限度地减少安全事故的发生，保障员工的人身财产安全和健康。主要包括：安全技术交底依据、安全技术交底基本要求、安全技术交底职责分工、安全技术交底的内容、安全技术交底监督检查、安全技术交底记录等。安全技术交底主要涉及如下三个方面：

1）工程项目开工前，由企业环境安全监督处与基层单位负责向项目部进行安全生产管理首次交底，主要内容有：国家和地方有关安全生产的方针、政策、法律法规、标准、规范、规程和企业的安全规章制度；项目安全管理目标、伤亡控制指标、安全达标和文明施工目标；危险性较大的分部分项工程及危险源的控制、专项施工方案清单和方案编制的指导、要求；施工现场安全质量标准化管理的一般要求；企业部门对项目部安全生产管理的具体措施要求。

2）项目部技术负责人向施工队长或班组长进行书面安全技术交底，主要内容有：工程项目各项安全管理制度、办法，注意事项、安全技术操作规程；每一分部、分项工程施工安全技术措施、施工生产中可能存在的不安全因素以及防范措施；对特殊工种的作业、机电设备的安拆与使用、安全防护设施的搭设等，项目技术负责人均要对操作班组作安全技术交底；两个以上工种配合施工时，项目技术负责人要按工程进度定期或不定期地向有关班组长进行交叉作业的安全交底。

3）施工队长或班组长根据交底要求，对操作工人进行针对性的班前作业安全交底，操作人员必须严格执行安全交底的要求。主要内容有：本工种安全操作规程；现场作业环境要求本工种操作的注意事项；个人防护措施。

（3）安全生产检查制度。该制度旨在检查工程项目施工过程中人的不安全行为与物的不安全状态，具体涉及作业人员操作行为、机械设备、安全设施、其他各项制度的制定与实施情况、相关记录等，主要包括：检查的目的、检查的内容、检查的依据、检查方式与相应的实施方法等。

（4）安全生产例会制度。该制度旨在通过召开安全例会以及时掌握企业与工程项目的安全生产状况，并总结部署安全生产工作，主要包括：参会人员、会议时间、会议要求、会议程序、会议记录等。

（5）安全生产奖惩制度。该制度旨在强化安全生产责任制，进一步规范人行为安全，减少事故隐患，不断增强职工的安全、文明意识，充分发挥其工作自觉性、积极性和创造性，营造安全、文明、有序的施工环境，主要包括：处罚细则、奖励细则等。

（6）安全生产教育培训制度。该制度旨在提高从业人员安全生产的责任感和法律意识，加强贯彻执行安全法律、法规及各项规章制度的自觉性，并使广大员工掌握从业所需的安全生产科学知识、安全操作技能、事故预防应急能力等，主要包括：教育培训的目的、教育培训的对象、教育培训的内容、教育培训的方式、教育培训的要求、教育培训计划等。

（7）分包单位管理制度。该制度旨在加强工程项目专业分包单位、劳务分包单位的管理，使承包方与分包方高效合作，以确保整个工程质量和进度，并保证对分包队伍的管理更加规范有效，主要包括：专业分包单位管理（人员组织管理、技术质量管理、施工进度控制、安全生产文明施工管理）、劳务分包单位管理（进场要求、组织管理、施工管理、安全生产管理）等。

（8）安全生产事故报告与处理制度。该制度旨在事故发生后，项目部能够及时报告、调查、处理、统计人员伤亡情况，并采取有效预防措施，最大限度地防止和减少伤亡事故，主要包括：事故报告程序、事故现场处置、事故调查与分析、事故处理、事故归档、伤残鉴定资料等。

（9）安全生产资金保障制度。该制度旨在加强企业安全生产资金的财务管理，保证公司安全生产资金的落实到位和专款专用，确保安全生产措施的有效落实，有计划、有步骤地改善劳动条件、防止工伤事故、消除职业病和职业中毒等危害，主要包括：安全生产资金额度、安全生产资金计划、安全生产资金的支付使用、安全生产资金的监督管理等。

（10）安全用电管理制度。该制度旨在加强施工现场临时用电的安全管理，有效引导、使用、控制电能，保障施工用电安全，防止发生触电事故，主要包括：管理人员与电气专业人员职责、临时用电原则、配电室及自备电源、配电线路、配电箱及开关箱、照明、检查与考核等。

（11）机械设备管理制度。该制度旨在保持"人-机-环境"系统的和谐运行，提高企业施工机械设备完好率、利用率，减轻作业人员的劳动程度，主要包括：机械设备的使用管理、机械设备试车验收、机械设备的检查、机械设备的保养及维修、分包单位机械设备管理方法、机械设备的拆装、机械设备的报废、大型设备及特种设备的管理等。

（12）应急预案与响应制度。该制度旨在增强应急预案的科学性、针对性、实效性，对建设工程可能发生的安全生产事故加强防范并及时做好质量安全事故发生后的救援工作，主要包括：应急领导小组；潜在事故应急预案；应急相关电话；一般事故、重大事故响应；应急培训与演练；临时急救措施；应急工具清单等。

（13）材料管理制度。该制度旨在加强施工现场各类材料购入、检验、贮存、使用等方面的管理，保证材料检验合格、堆放整齐、功能不受影响且使用合理有序，主要包括：材料管理职责；材料验收与入库；材料出入仓库、现场审批与登记；材料例行盘点；用料限额等。

（14）消防保卫制度。该制度旨在加强施工现场易燃、易爆物品的管理，杜绝火灾事故的发生，并维护工程建设期间的治安稳定，明确门卫（纠察）人员的职责，以保障工程建设的治安安全，主要包括：动用明火管理、油漆防火、木工作业防火、焊割作业防火、库房防火、宿舍防火、食堂防火、消防检查、警卫管理等。

（15）环境保护制度。该制度旨在通过对生产、生活活动的控制，最大限度地减少施工生产、生活造成的环境影响，达到改善环境，保护人身健康的目的，主要包括：化学品及油品的控制、噪声控制、大气污染控制、废水控制、垃圾处理、环境监控与检查等。

1.1.2　安全生产管理机构与人员配备

1.1.2.1　安全生产管理机构

目前，我国土木工程施工现场安全管理组织机构，往往是在项目经理的总负责下设置技术负责人和安全负责人等职务（见图1-2），所有的安全问题由项目经理负责，而专职的安全员接受项目经理的管理和指令。在这种模式下，一方面安全管理人员的权利得不到体现，班组人员不听从安全员的指令，安全管理工作很难按计划展开；另一方面安全管理工作归项目经理统筹管理的情况下难免会出现重生产、进度、效益而轻安全的行为。

比较理想的一种模式应该是设有安全总监理工程师一职，职位和项目经理一个等级，分管施工现场的安全问题，这就涉及企业的利益问题，安全总监的责权利也是要考量的一方面，有多大权利，相应的就要承担多大的责任。企业或项目安全保证体系的组织机构是由安全生产领导小组和由其领导的工作小组、各相关部（科、室、处）、项目经理部及其专、兼职安全管理人员组成（见图1-3）。公司安全生产领导小组实施决策职能，工作小组根据领导的决策要求组织实施，相关的主管部门对项目经理部实施指导、服务、监督职

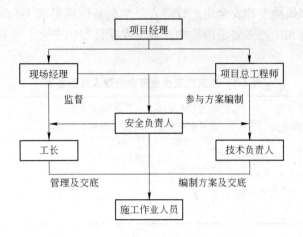

图 1-2　安全管理网络图

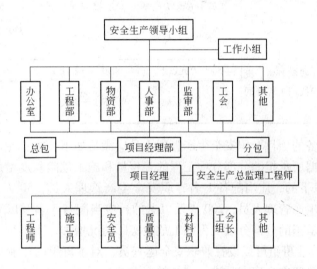

图 1-3　安全生产施工人员组织结构图

能，项目经理部通过专、兼职安全管理人员来具体落实安全生产措施和要求，以实现施工现场的安全文明施工管理目标。

1.1.2.2　安全生产管理人员配备

施工企业应当依法设置与企业生产经营规模相适应的安全生产管理机构，在企业主要负责人的领导下开展本企业的安全生产管理工作。企业要建立安全生产工作的领导机构——安全生产委员会，负责统一领导企业的安全生产工作，研究决策企业安全生产的重大问题，同时应当在建设工程项目组建安全生产领导小组。建设工程若为施工总承包，安全生产领导小组由总承包企业、专业承包企业和劳务分包企业项目经理、技术负责人和专职安全生产管理人员组成。

安全生产管理机构要配备足够数量的经建设行政主管部门或者其他有关部门安全生产考核合格的专职安全生产监督管理人员，从事安全生产监督管理工作。《施工企业安全生产管理机构设置及专职安全生产管理人员配备办法》（建质 [2008] 91 号文件）规定：施工企业安全生产管理机构专职安全生产管理人员的配备应满足表 1-1 的要求，并根据企业经营规模、设备管理和生产需要予以增加。各工程项目专职安全生产管理人员的配备应当满足表 1-2 要求。

表 1-1　建筑施工企业安全管理人员配备表

企业类别	施工总承包资质序列企业	施工专业承包资质序列企业	施工劳务分包资质系列企业	施工的分公司、区域公司等较大的分支机构
配备要求	特级资质不少于 6 人；一级资质不少于 4 人；二级和二级以下资质企业不少于 3 人	一级资质不少于 3 人；二级和二级以下资质企业不少于 2 人	不少于 2 人	不少于 2 人

表 1-2　项目安全管理人员配备表

工程类别	建筑工程、装修工程按照建筑面积配备	1 万平方米以下	1 万~5 万平方米	5 万平方米及以上
		不少于 1 人	不少于 2 人	不少于 3 人，且按专业配备专职安全管理人员
	土木工程、线路管道、设备安装工程按照工程合同价配备	5000 万元以下	5000 万~1 亿元	1 亿元及以上
		不少于 1 人	不少于 2 人	不少于 3 人，且按专业配备专职安全管理人员

对分包单位配备的项目专职安全生产管理人员应满足如下要求：专业承包单位应当配置至少 1 人，并根据所承担的分部分项工程的工程量和施工危险程度增加；劳务分包单位施工人员在 50 人以下的，应当配备 1 名专职安全生产管理人员，50 人~200 人的，应当配备 2 名专职安全生产管理人员，200 人及以上的，应当配备 3 名及以上专职安全生产管理人员，并根据所承担的分部分项工程施工危险实际情况增加，不得少于工程施工人员总人数的 5‰。施工作业班组可以设置兼职安全巡查员，对本班组的作业场所进行安全监督检查，企业定期对兼职安全巡查员进行安全教育培训。

1.1.3　安全技术交底

安全技术交底的主要工作是生产负责人在生产作业前对直接生产作业人员进行的该作业的安全操作规程和注意事项的培训，并通过书面文件方式予以确认。建设工程项目中，分部（分项）工程在施工前，项目部应按批准的施工组织设计或专项安全技术措施方案，向有关人员进行安全技术交底。安全技术交底主要包括两个方面的内容：一是在施工方案的基础上按照施工的要求，对施工方案进行细化和补充；二是要将操作者的安全注意事项讲清楚，保证作业人员的人身安全。安全技术交底工作完毕后，所有参加交底的人员必须履行签字手续，施工负责人、生产班组、现场专职安全管理人员三方各留执一份，并记录存档安全技术交底的作用。

安全技术交底要经交底人与接受交底人签字方能生效。交底字迹要清晰，必须本人签字，不得代签。安全技术交底后，项目技术负责人、安全员、班组长等要对安全交底的落实情况进行检查和监督、督促操作工人严格按照交底要求施工，避免违章作业现象发生。

1.1.4 安全生产检查

安全检查是安全管理的重要内容，通过安全检查，能够对施工过程中存在的不安全因素进行预测、预报，从而采取相应对策。对排查出的安全隐患要落实治理经费和专职负责人，限期进行整改。依据安全生产奖罚条件进行奖罚，检查形式主要有定期安全检查、不定期抽查、重点隐患治理检查、季节性（雨季、冬季）检查等。对重大事故隐患应建立排查整改工作档案，对事故隐患类别、事故隐患等级、影响范围及严重程度、隐患整改措施及效果等进行详细记录，并按要求上报。

（1）安全"三检制"：

1）施工班组坚持做到工前布置安全、工中检查安全、工后讲评安全的"三工"安全制度，并做好记录。

2）工种上下班之间或工种上下工序之间，应认真进行交接班检查，并做好记录。

3）队主管领导应组织有关人员，经常对所管辖区域内的安全生产情况进行检查，施工现场每日要检查一次，及时消除事故隐患。

（2）安全生产工作，除进行经常的检查外，还要组织定期检查。

1）公司每季、项目部每月、队每周要开展全面安全检查，也可以把普遍检查、专业检查和季度性检查相结合来进行。

2）检查时必须有明确的目的、要求和具体计划，应发动群众、领导干部、技术干部和工人共同参与，边检查，边整改。

3）检查要有重点，要依据国家、行业安全生产政策、法规和规章制度及《建筑施工检查评分标准》（JGJ 59—99）制定单位考核内容，主要是查思想、查制度、查机械设备、查安全设施、查安全教育培训、查操作行为、查劳保用品使用、查伤亡事故处理等。

（3）开复工前安全检查，新项目开工前和在建项目停工后复工，均由公司领导或项目部经理带领有关人员，进行安全准备工作检查验收，符合安全生产条件方可开工或复工。

（4）隐患处理，对查出的隐患不能立即整改的，要以隐患整改通知单的形式书面通知责任人，并限期整改。整改后对整改结果要复查消项，做好整改反馈，在隐患没有消失前，必须采取可靠的防护措施，如有危及人身安全的紧急险情，应立即停止作业。

1.1.5 安全生产例会

通过召开安全生产例会，有助于工程项目管理人员系统学习方针政策、总结前期工作、解决当前问题、制定后续计划等工作，具体如下：

（1）学习宣传、贯彻执行国家与相关主管建设部门有关安全生产的方针、政策、法律、法规、条例、指令和规章制度等，并研究制定企业指挥部、各项目部贯彻落实意见。

（2）根据上级安全工作总体要求，提出企业指挥部、各项目部安全生产的目标、重点及关键措施。

（3）分析安全生产情况，查找倾向性、关键性问题，研究、协调、解决安全生产隐患，制定超前性对策措施和解决方案，确定安全生产。

（4）贯彻执行上级安全工作会议精神和安全生产工作部署，并认真督促抓好落实。

（5）汇报本月安全生产情况，通报本月安全检查情况及事故情况，分析施工现场存在的安全问题，研究下一步安全工作的重点，安排下月安全生产工作计划。

（6）针对施工现场存在的问题，制定可行的措施，采取相应对策，确保安全施工。

（7）征求各部门建议，持续改进工作程序和工作方法，使安全工作不断适应现场，以达到管理创新的目的。

1.1.6　安全生产教育培训

安全生产意识和能力的匮乏是安全生产工作得不到落实、事故频发的重要原因之一。根据管理理论中的人本原理，在管理活动中必须把人的因素放在首位，体现以人为本的指导思想。员工的安全教育在施工企业中是一堂必修课，具有系统性和长期性，安全教育由企业的人力资源部门按照综合体系的要求纳入员工"统一教育、培训计划"，由安全职能部门归口管理和组织实施，通过教育和培训增强员工的安全意识，强化安全生产知识，有效地防止人的不安全行为，减少人为失误。安全教育培训要形成制度、适时适地、内容丰富、方式多样、讲求实效。施工企业的安全教育培训要做好以下几个方面：

（1）做好进场教育。对于项目新入场的员工和调换工种的员工应进行安全教育和技术培训，经考核合格方准上岗。一般企业对于进场的员工实行三级安全教育，进场教育是新员工首次接受安全生产方面的教育。公司级教育对新员工进行初步安全教育，内容包括：劳动保护意识和任务的教育，安全生产方针、政策、法规、标准、规范、规程及安全知识的教育和企业安全规章制度的教育。项目部级安全教育的内容包括：施工项目安全生产技术操作一般规定、施工现场安全生产管理制度、安全生产法律与文明施工要求、工程项目的基本情况（现场环境、施工特点、可能存在的不安全因素）等。班组安全教育内容包括：从事施工必要的安全知识、机具设备及安全防护设施的性能和作用教育，本工种安全操作规程，班组安全生产、文明施工基本要求和劳动纪律，本工种容易发生事故环节、部位及劳动防护用品的使用要求。进场三级安全教育是员工上岗的必要条件，是安全教育的基础性工作，必须严格执行。

（2）开展经常性安全教育。企业和项目在做好新员工进场教育、特种作业人员安全教育和各级领导干部、安全管理干部的安全生产教育培训的同时，还必须把经常性安全教育贯穿于安全管理的全过程，并根据接受教育的对象和不同特点，采取多层次、多渠道、多方法进行安全生产教育。经常性安全教育要有利于加强企业领导干部的安全理念，有利于提高全体员工的安全意识。经常性安全教育形式多样，班前安全讲话、安全例会、安全生产月（周、日）活动教育都是较好的形式。施工现场的班前安全讲话是经常性教育的最好形式，应长期有效地开展。班前安全讲话更要面向一线、贴近生活，具体地指出员工在生产经营活动中应该怎样做，注意哪些不安全因素，怎样消除那些安全隐患从而保证安全生产，提高施工效率。另外，对项目施工现场作业的劳务作业人员，利用"农民工夜校"的形式加强教育、培训、考核，持之以恒，能收到提高安全意识和作业技能的目的。

（3）做好特种作业人员安全教育。特种作业人员还要按照《关于特种作业人员安全技术考核管理规划》的有关规定，经合法的培训和考核机构进行特种专业培训、上岗资格考核取得特种作业人员操作证后方可上岗。企业要对特种作业人员建立档案，针对具体工种、季节性变化、工作对象改变、新工艺、新材料、新设备使用以及发现事故隐患或事故等，进行特定的安全教育和培训。这是针对重点对象的重点培训，是防止发生重大事故的重要措施，应重点关注。

（4）定期进行专项安全培训。企业和项目的培训是安全工作的一项重要内容，培训分为理论知识培训和实际操作培训。随着社会经济的发展和管理工作的不断完善，新材料、新工艺、新设备、新规定、新法规也不断地在施工活动中得到推广和应用，因此就要组织员工进行必要的理论知识培训和实际操作培训，通过培训让其了解并掌握新知识的内涵，更好地运用到工作中去，通过培训让员工熟悉掌握新工艺、新设备的基本施工程序和基本操作要点。专项安全培训应针对不同人群编制不同的培训计划，以提高管理人员的安全生产知识、现场发现和解决问题的能力为出发点进行系统培训。培训后要进行考核，考核合格后方可上岗。

1.1.7 分包单位管理

分包单位管理包括专业分包单位管理与劳务分包单位管理两方面。

专业分包单位管理，应明确专业分包单位施工现场的人员管理机构。在技术质量方面，应注重材料管理、质量达标、设计变更、成品保护、资料归档等工作；在施工进度控制方面，应保持专业分包单位施工进度计划与工程项目总进度计划的一致；在安全生产文明施工管理方面，充分发挥监督检查作用，使其安全生产文明施工管理工作符合项目部的要求。

劳务分包单位管理，应加强单位资质管理以确保其资质符合工程项目要求，对现场劳务人员，应要求其进场时须正确佩戴安全防护措施并定期进行考核。在项目施工过程中，一方面督促劳务分包单位加强队伍建设；另一方面，重点加强对劳务人员不安全行为的管控。

1.1.8 安全生产资金保障

加强安全生产的直观表现是成本的增加，但其本质是一种特殊的投资。对安全的投入所产生的效益并不能直接反映在产品数量的增加和质量的改进上，而是体现在生产的全过程中，能够保证生产正常和连续地进行，可以有效减免潜在事故造成的损失。因此，安全生产资金与安全生产效益之间是一种相互依存、相互促进的关系。

由于不同地区（省、直辖市）经济水平、工程项目施工水平、安全生产管理水平等均存在差异，因此，各省份采用的工程项目安全生产资金计取办法也有所不同。以建筑工程为例，目前安全生产资金最常用的计取方法为：安全生产资金＝基数×安全生产资金费率。式中，对于基数的组成，不同的地区有不同的规定；对于安全生产资金费率，我国有25个地区采用固定费率（确定的数值），6个地区采用弹性费率（数值区间）。在采用固定费率的地区中，北京、天津、上海、辽宁、内蒙古、青海、福建、湖北、江西、山西10个地区分别从建筑等级、结构类型、工程造价、建筑高度、建筑面积等角度分级设置多项费率；而吉林、甘肃、陕西、贵州、海南、云南、四川、广东、山东、河北、湖南11个地区仅设置一个固定费率；黑龙江、河南、江苏3个地区以基本费率和现场考评费率作为安全生产资金费率。此外，重庆市采用的计取办法为：安全生产资金＝总建筑面积×安全生产资金单价（单位建筑面积平均需投入的安全生产资金）。

在工程项目安全生产资金保障措施方面，项目部应单独设立"安全生产专项资金"科目，使专项资金做到专款专用，任何部门和个人不得擅自挪用，并根据不同阶段对安全生产和文明施工的要求，利用现有的设备和设施，编制安全生产资金计划，确保安全生产资金的投入与工程项目进度同步，避免安全生产资金发生脱节现象。安全生产资金计划编制完成后，应由项目部上报企业财务、安全部门及分管领导审批。在使用阶段，安全生产资金实行分阶段使用，原则上由项目部按计划进行支配使用，项目部安全员提出申请，项目经理批准后实施，同时企业财务部应根据项目部具体的使用情况进行定期汇总，并同项目部对账，发现差错，及时整改。此外，企业管理层要对财务部门与项目部安全生产资金的投入与使用情况定期进行监督检查，保证安全生产资金的合理投入与安全生产措施的有效实施。当项目部编制的安全生产资金不足时，应及时追加投入资金。

1.1.9　应急管理体系

预防为主是安全生产的原则，为了避免或减少事故和灾害损失、应付紧急情况，就必须做到居安思危，才能在事故和灾害发生的紧急关头反应迅速、措施正确。施工企业需进一步完善应急管理体制，建立健全分类管理、分级负责、条块结合的应急管理体制，建立全方位、立体化、多层次、综合性的应急管理组织体系，提高应急事件的快速响应和处置能力。同时通过危险辨识、事故后果分析，采用技术和管理手段降低事故发生的可能性使可能发生的事故控制在局部，尽量减少生命财产损失和不良影响，防止事故蔓延。

（1）针对危险源和潜在事故及时制订应急预案。为了在重大事故发生后能及时予以控制，防止重大事故的蔓延，有效地组织抢险和救助，施工单位应对已初步认定的危险场所和部位进行重大事故危险源的评估。对所有被认定的重大危险场所，应事先进行重大事故后果定量预测，估计重大事故发生后的状态、人员伤亡情况及设备破坏和损失程度，以及由于物料的泄漏可能引起的爆炸、火灾、有毒有害物质扩散对单位及周边地区可能造成危害程度的预测。根据《建设工程安全生产管理条例》（2003）要求，根据项目施工的特点，对施工现场易发生重大事故的部位、环节进行重点监控，制定项目施工生产事故的应急救援预案。制定事故应急救援预案应遵循"以防为主，防救结合"的原则。

（2）做好应急准备。要从容地应付紧急情况，需要周密的应急计划、严密的应急组织、精干的应急队伍、灵敏的报警系统和完备的应急救援设施。单位根据实际需要，应建立各种不脱产的专业救援队伍，包括：抢险抢修队、医疗救护队、义务消防队、通讯保障队、治安队等，救援队伍是应急救援的骨干力量，担负单位各类重大事故的处置任务。

（3）加强培训和演练。事故应急救援预案，不能停留在"纸上谈兵"阶段，要经常演练，才能在事故发生时做出快速反应，投入救援。"及时进行救援处理"和"减轻事故所造成的损失"是事故损失控制的两个关键点。建立应急救援组织或者应急救援人员，配备救援器材、设备并定期组织演练。加强对各救援队伍的培训，指挥领导小组要从实际出发，针对危险源可能发生的事故，每年至少组织一次模拟演习，把指挥机构和各救援队伍训练成一支思想好、技术精、作风硬的指挥班子和抢救队伍。一旦发生事故，指挥机构能正确指挥，各救援队伍能根据各自任务及时有效地排除险情、控制并消灭事故、抢救伤员，做好应急救援工作。

1.2 土木工程安全生产技术

根据施工现场常见的重大危险因素，对于施工现场安全技术措施，本节主要从基坑工程、脚手架工程、模板支架工程、高处作业、施工机具和施工用电六方面进行阐述。

1.2.1 基坑工程安全技术措施

基坑工程安全技术措施如下：

（1）坑槽的开挖过程中必须做好地面的排水工作，防止地表水、施工用水和生活废水流入或浸入施工现场，冲刷边坡。当地下水位较高时，地下水将不断浸入基槽，影响正常施工，安全也无法保障，因此应采取降低地下水位的措施，将地下水位降至开挖面 0.5m以下。

（2）基坑开挖应连续作业，尽量减少无支护暴露时间。基坑开挖时，多台机械开挖，挖土机间距应大于 10m，且在工作范围内，不允许进行其他作业。自上而下水平分层进行，在挖边检查槽宽，至设计标高后，统一进行修坡清底。相邻基坑开挖时，要按照先深后浅或同时进行开挖的原则施工。

（3）为减少坑槽边土壁的静载压力，挖出的泥土和使用的材料应尽量远离坑槽边，当施工需要且土质良好时，弃土和材料堆放处至少离坑边 2m，高度不超过 1.5m，土质较差时，坑边不得堆土。当重型机械在坑边作业时，自卸汽车离坑边不小于 3m，起重机离坑边不小于 4m，应设置专门的平台，限制或隔离坑顶周围振动荷载作用。

（4）基坑开挖前对开挖基坑四周设置合格可靠的安全栏杆（高度 1.2m、下道栏杆0.6m），配备标准的登高设施，基坑四周应设砖砌或素混凝土 15～20cm 高的防水墙，防止地面水流入基坑。

（5）吊运土方时，应检查起吊工具、绳索牢靠安全，吊斗下面不得站人。

（6）为了保证边坡和支撑的稳定及施工人员上下坑的安全，上下基坑应用梯子或斜道（并附有防滑条和栏杆），严禁攀登支撑和在坑壁上活动。

（7）采用机械开挖时，为保证基坑土体的原状结构，预留 150～300mm 原土层，由人工挖掘修整，挖土工人之间的操作距离应在安全范围以内，两人操作间距应大于 2.5m，工人不得在靠近边坡处休息。

（8）深基坑上、下应先挖好阶梯或搭设防护楼梯，或开斜坡便道，并采取防滑措施，基坑四周设安全栏杆。

（9）对地下的管道、电缆、沟道和地质情况要了解清楚，并绘制在平面图上，和各主管部门进行通报并征得他们的处理意见。

（10）在施工总平面图中要包括运输道路、土的堆放及排水沟等内容。基坑开挖遇有不明异物和地下建筑物时，应采取相应的安全技术措施等。

1.2.2 脚手架工程安全技术措施

在正式搭设脚手架之前，现场专业质量控制工程师要对已进场的脚手架材料进行验收，确认其符合规范要求，以及与专项施工方案的一致性。脚手架所用的主要材料和构配件一般包括：钢管、扣件、脚手板和连墙件。

钢管一般采用直径48mm，壁厚3.5mm的钢管，横向水平杆最大长度为2.2m，其他杆最大长度为6.5m。钢管对新钢管和旧钢管两类分别有具体要求：新钢管应有产品质量合格证和质量检验报告，钢管的表面应平直光滑，不应有裂缝、结疤、分层、错位、硬弯、毛刺、压痕和深的划痕，钢管必须涂有防锈漆。而旧钢管要每年进行一次锈蚀检查，检查时，要在锈蚀严重的钢管中抽取三根，在每根锈蚀严重的部位横向截断取样检查，当锈蚀深度超过规定值时不得使用。

脚手板可采用钢脚手板、木脚手板和竹脚手板，每块脚手板质量不得大于30kg。新、旧钢脚手板均应涂防锈漆，新脚手板应有产品质量合格证，不得有裂纹、开焊和硬弯。木脚手板多采用杉木或松木制作，木脚手板的厚度不应小于50mm，宽度不应小于200mm，其两端应各设直径为4mm的镀锌钢丝箍两道，腐朽的脚手板不得使用。竹脚手板一般采用由毛竹或楠竹制作的竹串片板、竹笆板。

按照相关技术规范、标准、施工组织设计及专项施工方案进行搭设，各项参数和允许偏差均符合规范要求，且经各方验收合格是脚手架工程投付使用并保证施工安全的前提条件。现场专业质量控制工程师除了保证脚手架工程满足上述要求外，对脚手架进行检查评定应确保其满足以下要求：

（1）安装扣件时，应注意开口朝向要合理，大横杆所用的对接扣件开口应朝内侧，避免开口朝上，以免雨水流入。5m以上的高大钢脚手架必须设防雷接地装置，照明及动力电线不许在脚手架上直接绕挂。

（2）钢管脚手架扣件安装时，应注意螺栓的根部对准到位，拧紧力矩一般为40～50N·m，但不得超过60N·m。扣件安装要注意开口方向，不使管内积雨水。

（3）立杆与大横杆，立杆与小横杆相接点（即中心节点）距离扣件中心应不大于150mm。

（4）杆件端头伸出扣件的长度应不小于10mm，底部斜杆与立杆的连接扣件离地面不大于500mm。

（5）大横杆应采用直角扣件扣紧在立杆内侧，或上下各步交错扣紧于立杆的内侧和外侧；小横杆应使用直角扣件固定在大横杆上方；剪刀撑中的一根用旋转扣件固定于立杆上，另一根斜杆应扣在小横杆伸出的部分上，避免斜杆弯曲；斜杆两端扣件与立杆节点（即立杆与横杆的交点）的距离不宜大于20cm，最下面的斜杆与立杆的连接点离地面不宜大于50cm，并支承在底座上，以保证架子的稳定性；横向斜撑应用旋转扣件扣在立杆或大横杆上。

（6）绑扎木脚手架的铁丝扣，两道交叉进行或立交进行，应使铁丝靠近木杆，扣结不应拧得过紧，以防铁丝过拧而临近断裂状态。

（7）脚手架绑设完毕后，在使用前必须经过工长、安全员进行验收后方可使用，长期停用后的脚手架，须在使用前再经过检查验收后方可使用。

（8）脚手架不准超负荷使用，一般每平方米不超过2560N为极限。下雨时要检查架子下部是否下沉，是否有立杆脚悬空，对缆风绳等检查，发现问题要及时加固。

（9）单排架脚手眼的留设：脚手眼的深度应保证小横杆搭入墙内不小于240mm。在墙体内下列位置不得留设脚手眼：空斗墙12cm厚砖墙，料石清水墙和砖、石独立柱；宽度小于 1m 的窗间墙；砖过梁上与过梁成 60°角的三角形范围内；梁或梁垫下及其左右各 50cm 范围内；砖砌体的门窗洞口两侧 18cm 和转角处 43cm 的范围内；石砌体的门窗洞口两侧 30cm 和转角处 60cm 的范围内；设计不允许设置脚手架的部位等。

1.2.3　模板工程安全技术措施

根据《建筑施工模板安全技术规程》（JGJ 162—2008）相关内容，从以下几个方面说明模板工程的安全技术措施：

（1）模板安装前的准备措施：

1）模板安装前须由项目技术负责人向作业班组长做书面安全技术交底，再由作业班组长向操作人员进行安全技术交底，有关施工及操作人员应熟悉施工图及模板工程的施工设计。

2）施工现场设可靠的能满足模板安装和检查需用的测量控制点。

3）现场使用的模板及配件应按规格和数量逐项清点和检查，未经修复的部件严禁使用。

4）钢模板安装前应涂刷脱膜剂。

5）梁和楼板模板的支柱设在土壤地面时，应将地面事先夯实整平，并准备柱底垫板。

6）竖向模板的安装底面应该平整坚实，并采取可靠的定位措施。竖向模板应按施工设计要求预埋支承锚固件。

（2）模板安装安全技术措施：

1）模板的安装必须按模板的施工设计图纸进行，严禁恣意变动。

2）配件必须装插牢固，支柱和斜撑下的支承面应平整垫实，并有足够的受力面积，支撑件应着力于外钢楞，埋件的位置与预留孔洞位置必须准确无误，并安设牢固。基础模板必须支拉牢固，防止扭曲变形，侧模斜撑的底部应加设垫木。

3）下层楼板结构的强度只有达到能承受上层模板、支撑体系、新浇混凝土的重量时，方可进行。

4）模板及其支撑系统在安装过程中，必须设置临时固定设施，严防倾覆。

5）支设立柱模板和梁模板时，必须搭设施工层。施工层脚手板须铺严、外侧设防护栏杆，不准站在柱模板上操作、不准在梁模板上行走，更不允许利用拉杆的支撑攀登上下。

6）墙模板在未装对接螺栓前，板面要向后倾斜一定角度并撑牢，以防倒塌。在安装的过程中要随时拆换支撑或增加支撑，以保持墙模处于稳定的状态，保证安全。

7）模板安装完毕，必须进行检查，验收后，方可浇筑混凝土，验收单内容要量化。

（3）模板拆除安全技术措施：

1）模板拆除前必须确认混凝土强度是否达到规定，并经拆模申请批准后方可进行拆除。

2）模板拆除前应向操作班组进行安全技术交底，在作业范围设安全警戒线并悬挂警示牌，拆除时派专人看守，保证安全。

3）模板拆除的顺序和方法：按先支的后拆、后支的先拆、先拆非承重部分、后拆承重部分，自上而下的原则进行，切不可顺序颠倒，以保证安全。

　　4）在拆模板时，要派专人指挥和切实的安全措施，并在相应的部位设置工作区，严禁非操作人员进入作业区。

　　5）工作前要事先检查所使用的工具是否牢固，扳手等工具必须用绳链系挂在身上，工作时思想要集中，防止钉子扎脚或从空中滑落，造成伤害事故。

　　6）拆除模板要用长撬杠，严禁操作人员站在正拆的模板上。

　　7）拆模间隙时，要将已松动的模板、支撑、拉杆等固定牢固，严防突然掉落倒塌造成危害。

1.2.4　高处作业安全技术措施

　　据事故统计分析，2010～2013 年全国房屋市政工程安全事故中，高处坠落事故排名第一（见图 1-4），因此，要严格遵循落实高处作业安全技术措施，实现安全生产。

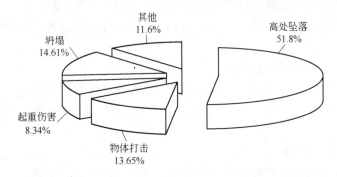

其他 11.6%
坍塌 14.61%
高处坠落 51.8%
起重伤害 8.34%
物体打击 13.65%

图 1-4　2010～2013 年全国房屋市政工程安全事故类型划分

高处作业安全技术措施如下：

　　（1）作业人员必须熟悉掌握本工种专业技术及规程。

　　（2）距地面 2m 以上，工作斜面坡度大于 45°，工作地面没有平稳的立脚地方或有震动的地方，应视为高空作业。

　　（3）防护用品要穿戴整齐，裤角要扎住，戴好安全帽，不准穿光滑的硬底鞋。要有足够强度的安全带，并应将绳子牢系在坚固的结构件或金属结构架上，不准系在活动物件上。

　　（4）检查所用的登高工具和安全用具（如安全帽、安全带、梯子、跳板、脚手架、防护板、安全网）必须安全可靠，严禁冒险作业。

　　（5）靠近电源（低压）线路作业前，应先联系停电。确认停电后方可进行工作，并应设置绝缘档壁。作业者最少离开电线（低压）2m 以外，禁止在高压线下作业。

　　（6）高空作业所用的工具、零件、材料等必须装入工具袋。上下时手中不得拿物件，必须从指定的路线上下，不得在高空投掷材料或工具等物件；不得将易滚易滑的工具、材料堆放在脚手架上，不准打闹。工作完毕应及时将工具、零星材料、零部件等一切易坠落物件清理干净，以防落下伤人，上下大型零件时，应采用可靠的起吊机具。

　　（7）严禁上下同时垂直作业。若特殊情况必须垂直作业，应经有关领导批准，并在上下两层间设置设备专用的防护棚或者其他隔离设施。

　　（8）严禁坐在高空无遮挡处休息，防止坠落。

（9）卷扬机等各种升降设备严禁上下载人。

（10）在石棉瓦屋面工作时，要用梯子等物垫在瓦上行动，防止踩破石棉瓦坠落；超过3m长的铺板不能同时站两人工作。

（11）脚手板斜道板、跳板和交通运输道，应随时清扫。如有泥、水、冰、雪，要采取有效防滑措施，经安全员检查同意后方可开工。当结冻积雪严重，无法清除时，停止高空作业。

（12）使用梯子时，必须先检查梯子是否坚固，是否符合安全要求，立梯坡度60°为宜。梯底宽度不低于50cm，并应有防滑装置。梯顶无搭勾，梯脚不能稳固时，须有人扶梯、人字梯拉绳必须牢固等。

1.2.5　施工机具安全技术措施

施工机具安全技术措施如下：

（1）机械设备应定期进行保养，当发现有漏保、失修或超载带病运转等情况时，有关部门应停止其使用，但是处在运转和运转中的机械设备严禁对其进行维修、保养或调整作业。

（2）机械设备的操作人员必须身体健康，并经过专业的培训，考试合格，在取得有关部门颁发的操作证或驾驶执照、特殊工种操作证后，方可独立操作。

（3）机械作业时，操作人员不得擅自离开工作岗位或将机械设备交给非本机操作人员操作，严禁无关人员进入作业区和操作室内。工作时，思想要集中，严禁酒后操作。

（4）机械操作人员和配合人员都要按规定穿戴劳动保护用品，长发不得外露，高空作业必须系安全带，不得穿硬底鞋或拖鞋，严禁从高处抛掷物件等。

（5）安装高度超过30m的物料提升机应安装渐进式防坠安全器及自动停层、语音影像信号监控装置。

（6）卷扬机曳引机应安装牢固，当卷扬机卷筒与导轨底部导向轮的距离小于20倍卷筒宽度时，应设置排绳器。

（7）施工升降机检查评定应符合国家现行标准《施工升降机安全规程》（GB 10055）和《建筑施工升降机安装、使用、拆卸安全技术规程》（JGJ 215）的规定等。

1.2.6　施工用电安全技术措施

施工用电安全技术措施如下：

（1）保护接地。保护接地是指各种设备的外壳接地系统。为了屏蔽外界对微机和各种设备的干扰，防止内漏电对人员的安全造成威胁，各种设备的外壳都需接地屏蔽。大自然的雷电在雷雨季节是经常发生的，正确记录的雷击电流最大可达27MA。由于雷击电流的通过，接地极及其附近大地电位瞬时会产生相当高的电位。要求防雷保护的接地电阻小于10Ω，以防止其他接地极的干扰。

（2）交流接地。交流接地是交流电源的接地系统。在机房中将交流电源的中线，用铜带式导线接到机脚外的接地极。一般接地电阻小于4Ω。

（3）保护接零。规定在电源中心点工作接地的系统上运行的电气设备金属外壳，必须接零线（即三相四线制中的零线），现在各地相继推出三相五线制，即将工作零线与保护零线分开，这样，保护接零应该接在保护零线上。保护接零的作用为：当电气设备绝缘损坏导致金属外壳带电时，即相当于单相短路，较大的短路电流会使熔断器等保护电器迅速动作，使故障设备退出运行，以保障安全。

（4）安全电压。安全电压是指当人体不配戴任何防护设备时，接触带电体而不产生危险的电压。在工程施工现场作业要经常与电打交道，难免会偶发触电事故，尤其是在潮湿、阴暗的地方施工时，触电的危险性更大，因为人体的电阻与皮肤的干燥程度、清洁与否有直接关系。在皮肤清洁、干燥而无伤口的情况下电阻很高，可达 40～400kΩ。如果皮肤潮湿、脏污或有破损时，电阻会显著下降，最不利的情况下只有 120Ω。目前国内外一致认为，频率为 50Hz、50mA 的交流电流可危及人的生命，身体无法摆脱电源。

（5）设置漏电保护器。为了保证在故障情况下人身和设备的安全，应尽量设置漏电保护器。安装和正确使用漏电保护器，是防止人身触电伤亡事故的有效技术措施，也是防止由漏电而引起的电气火灾和电器设备损坏事故的技术措施之一，但不是安全用电、消灭事故的唯一保险手段，所以必须要与安全用电的管理相结合，才能收到明显效果。

（6）制定临时用电施工方案。现场施工用电应按照施工组织设计及临时用电施工方案、有关电气安全技术规范安装和架设。线路上禁止带负荷接电或断电，并禁止带电操作。电工作业人员要熟知电工安全用电的性能和使用方法，在带电作业或停电检修时，须佩戴绝缘手套、穿绝缘鞋，使用有绝缘柄的工具；在高处作业时，使用电工安全带；从事装卸高压熔丝，锯断电缆，或打开运行中的电盒，浇灌电缆混合剂，蓄电池输入电解液等工作时，要戴护目镜。照明灯具导线安装应用绝缘子固定，不准用花线、塑料胶质线乱拉。

1.3　土木工程安全生产文明施工

土木工程安全生产文明施工是一个施工企业形象的最直接反映，越来越得到管理者的重视，国家和地方都设置有安全文明施工奖，并且与企业的绩效以及诚信挂钩，越来越多的企业都在建设文明工地。然而，安全文明施工的建设不能流于形式，应付检查，应当切实做好安全文明施工计划、制定详细的安全文明施工方案，然后切实履行。

1.3.1　文明施工目标计划

应当以工程实际为基础，根据安全生产管理的规定，结合施工现场标准化管理规定，对施工现场进行布置，包括"三宝、四口、五临边"、消防设施、安全警示标语及警示案例、施工围挡、安全通道、物资码放整齐等。应当制定详细的安全文明施工目标计划，确保工程施工生产活动能安全有序展开的同时避免和消除对周围环境的影响。

1.3.2　文明施工方案

安全文明施工应当结合国家现行标准《建设工程施工现场消防安全技术规范》（GB 50720）、《建筑施工现场环境与卫生标准》（JGJ 146）和《施工现场临时建筑物技术规范》（JGJ/T 188）的规定。安全文明施工措施应从以下方面进行：

（1）市区主要路段的工地应设置高度不小于 2.5m 的封闭围挡；一般路段的工地应设置高度不小于 1.8m 的封闭围挡；围挡应坚固、稳定、整洁、美观。

（2）施工现场进出口应设置大门、门卫值班室；还需建立门卫职守管理制度，并应配备门卫职守人员；施工人员进入施工现场应佩戴工作卡；施工现场出入口应标有企业名称或标识，并设置车辆冲洗设施。

（3）施工现场应多处尤其是高危位置应当设置安全警示牌及安全警示标语；工地入口设置门禁防止闲杂人等进入。

（4）施工现场的主要道路及材料加工区地面应进行硬化处理，保持道路畅通，路面平整坚实；施工现场应采取防尘措施；施工现场应设置排水设施，且排水通畅无积水；施工现场应采取防止泥浆、污水、废水污染环境的措施；施工现场应设置专门的吸烟处，严禁随意吸烟；温暖季节应有绿化布置。

（5）材料、构件、料具应按总平面布局码放整齐，并标明名称、规格等；施工现场材料贮存应采取防火、防锈蚀、防雨等措施；工程主体结构内施工垃圾的清运，应采用器具或管道运输，严禁随意抛掷；易燃易爆物品应分类储藏在专用库房内，并制定防火措施。

（6）施工作业、材料存放区与办公、生活区应划分清晰，并采取相应的隔离措施；在施工程、伙房、库房不得兼做宿舍；宿舍、办公用房的防火等级应符合规范要求；宿舍应设置可开启式窗户，床铺不得超过 2 层，通道宽度不应小于 0.9m；宿舍内住宿人员人均面积不应小于 $2.5m^2$，且不得超过 16 人；冬季宿舍内应有采暖和防一氧化碳中毒措施；夏季宿舍内应有防暑降温和防蚊蝇措施；生活用品应摆放整齐，环境卫生良好。

（7）施工现场应建立消防安全管理制度、制定消防措施；施工现场临时用房和作业场所的防火设计应符合规范要求；施工现场应设置消防通道、消防水源，并符合规范要求；施工现场灭火器材应保证可靠有效，布局配置符合规范要求；明火作业应履行动火审批手续，配备动火监护人员等。

1.3.3 文明施工执行与检查

安全文明施工坚决不能流于形式，仅仅在接受检查之前文明施工，这样便失去了制定安全文明施工目标计划及方案的意义。文明施工检查项目应包括：现场围挡、封闭管理、施工场地、材料管理、现场办公与住宿、现场防火、综合治理、公示标牌、生活设施、社区服务。各部门及各班组，应当根据安全文明施工相关指导文件，严格根据安全文明施工方案进行生产活动，除此之外还要定期不定期的进行检查，对于不按规定要求进行文明施工的行为与措施进行惩罚，并要限期改正；对于安全文明施工做的比较到位的要进行奖励与宣传。

1.4 土木工程安全生产评价报告

1.4.1 安全生产评价的目的

为了客观、公正地了解并充分掌握施工企业自身的安全生产状况，进而更好地贯彻执行"安全第一，预防为主"的安全生产方针，不断做好企业的各项安全生产工作，根据《安全生产许可证条例》（中华人民共和国国务院第 397 号令）、《建筑施工安全检查标准》、《建设工程安全生产管理条例》等法律法规，企业应当组织有关安全专家对企业、施工现场的综合安全生产能力进行专项及现状安全评价。

各位专家根据国家、地方、行业相关安全法律、法规及标准，通过现场查验、查询、查证，运用安全系统工程的理论、方法，客观地评价了企业的安全管理现状情况，并客观、公正、合理地确定评价等级。安全评价是针对土木工程施工企业各工程项目的安全现状进行的安全评价，通过评价查找其存在的危险、有害因素并确定危险程度，提出合理可行的安全对策、措施及建议，使企业在生产运行期间的安全风险控制在安全、合理的程度内。评价报告对企业的安全管理制度、项目施工中上存在的差距及问题提出切实可行的措施及要求，以利于提高企业安全生产管理水平，并切实保障劳动者在生产过程中的安全和健康。

1.4.2　安全生产评价报告的内容

安全生产评价报告的内容应当根据企业自身的状况，由相关专家对土木工程施工企业内部及其已建和在建的工程项目进行客观评价，最终生成评价报告指导以后的安全生产。评价报告的内容主要有企业概况、各安全生产制度、组织机构设置及人员配备、安全生产能力及建议等。具体内容如下：

（1）企业概况：生产现状、安全生产责任制及制度、企业人员组成、企业组织机构设置、安全管理机构及人员设置、特种作业人员情况、企业年度安全投入、企业主要设备及施工机具和企业缴纳工伤保险或意外保险等。

（2）安全生产评价交流与服务：土木工程施工企业安全生产评价委托书、土木工程施工企业安全生产评价工作方案、土木工程施工企业基本情况表、被评价单位（项目）参评人员登记表、土木工程施工企业安全生产评价工作计划和土木工程施工企业提供安全生产评价资料清单。

（3）安全生产能力综合评价：土木工程施工企业安全生产管理评价及汇总以及记录过程。

（4）安全生产评价结论及建议：土木工程施工企业安全生产评价报告审批表、评价结果告知书以及评价结果回复书等。

2 土木工程安全事故分析基础

目前我国正在进行历史上也是世界上最大规模的基本建设，以土木工程行业中占比较大的建筑业为例，建筑业完成产值逐年持续增长，从 2001 年突破 2 万亿大关，达到 20009.80 亿元，到 2012 年已达到 137217.86 亿元，同时建筑业从业人数已超 4000 万人（见表2-1），约占全国工业总从业人数的 1/3，建筑产业已名副其实地成为国家的支柱产业。工程建设的巨大投资和从业人员的庞大规模使得安全事故后果异常严重和巨大。我国工程建设中的安全管理水平较低，每年由于安全事故丧生的从业人员超过千人，直接经济损失逾百亿元，特别是近年来重大恶性事故频发，已引起我国政府和人民群众的普遍关注。

表 2-1   建筑业相关指标统计表

指　标　＼　年　份	2010	2011	2012
从业人数（万人）	4160.44	3852.47	4267.24
产值（百亿）	960.3113	1164.6332	1372.1786
建筑面积（十万平方米）	70802.351	85182.812	98642.74

国内外的统计资料表明，工程建设中的安全事故的发生率一直位于各行业的前列，事故造成的损失十分巨大。英国建筑安全事故造成的直接和间接损失达到项目成本的 3%～6%，美国工程建设中的安全事故造成的经济损失占到总成本的 7.9%，而香港地区这一指标达到 8.5%。我国虽然没有具体的统计指标，但粗放的管理方式造成了我国建筑业事故一直处于高发状态，成为困扰政府、企业及个人的一大难题。和建筑企业不到 10% 的平均利润相比，安全问题显然已成为建筑业发展的巨大障碍。另外，建筑业严峻的安全形势和恶劣的工作环境严重地影响了工程质量和工人的工作效率。

造成建筑安全事故居高不下的原因十分复杂，要深入分析其中的原因，必须要运用系统的安全事故分析理论，对建筑事故进行系统、详细的分析，对总结过去的生产经验，并指导未来行业的健康发展有着重要的意义。

2.1   土木工程安全事故

事故是指可能造成人员伤害和（或）经济损失的，非预谋性的意外事件，使其有目的的行动暂时或永久停止。这一定义的内涵是：事故涉及的范围很广，不论是生产中还是生活中发生的可能造成人员伤害和（或）经济损失的，非预谋性意外事件都属于事故的范畴；事故后果是导致人员伤害和（或）经济上的损失；事故事件是一种非预谋性的事件。土木工程安全事故是指在施工过程中，由于各种危险因素造成的伤亡和损失。

2.1.1 土木工程安全事故的分类

（1）按事故的原因和性质分类。在土木工程安全生产领域，安全生产事故是指在土木工程生产活动过程中发生的一个或一系列意外的，可导致人员伤亡、工程结构或设备损毁及财产损失的事件。土木工程安全事故可以分为四类，即：生产事故、质量事故、技术事故和环境事故。

1）生产事故。生产事故主要是指在工程产品的生产、维修、拆除过程中，操作人员违反有关施工操作规程等直接导致的安全事故。这种事故一般都是在施工作业过程中出现，事故发生的次数比较频繁，是土木工程安全事故的主要类型之一，所以目前我国对土木工程安全生产的管理主要针对生产事故。

2）质量事故。质量事故主要是指由于设计不符合规范或施工达不到要求等原因而导致工程结构实体或使用功能存在瑕疵，进而引起安全事故的发生。质量问题也是土木工程安全事故的主要类型之一。

3）技术事故。技术事故主要是指由于工程技术原因而导致的安全事故，技术事故的结果通常是毁灭性的。技术事故的发生，可能发生在施工生产阶段，也可能发生在使用阶段。

4）环境事故。环境事故主要是由于对工程实体的使用不当而造成的，比如荷载超标（静荷载设计，动荷载使用）、使用高污染土木工程材料或放射性材料等。

（2）按致害起因分类。《企业职工伤亡事故分类标准》（GB 6411—86）按致害起因将伤亡事故分为20种（见表2-2）。

表2-2 伤亡事故类别

序 号	事故类别	序 号	事故类别
1	物体打击	11	冒顶偏帮
2	机具伤害	12	透 水
3	车辆伤害	13	放 炮
4	起重伤害	14	火药爆炸
5	触 电	15	瓦斯爆炸
6	淹 溺	16	锅炉爆炸
7	灼 烫	17	容器爆炸
8	火 灾	18	其他爆炸
9	高处坠落	19	中毒和窒息
10	坍 塌	20	其他伤害

根据住建部统计，建筑事故中高处坠落、触电、施工坍塌、物体打击、机具伤害五类事故占到事故总数的85%以上，这五类事故类型称为建筑事故"五大伤害"类型。住建部2012年发布的《全国建筑施工安全生产形势分析报告》显示，2011年全国建筑施工伤亡事故类型仍以高处坠落、坍塌、物体打击、机具伤害和触电等"五大伤害"为主，这些类型事故的死亡人数分别占全部事故死亡人数的45.52%、18.61%、11.82%、5.87%和6.54%，总计占全部事故死亡人数的88.36%。

（3）按事故发生原因分类：

1）直接原因：机械、物质或环境的不安全状态，人的不安全行为。

2）间接原因：技术上和设计上的缺陷，教育培训不够，劳动组织不合理，对现场工作缺乏检查或指导错误，没有安全操作规程或不健全，没有或不认真实施事故防范措施，对事故隐患整改不够等。

（4）按事故等级分类。根据《生产安全事故报告和调查处理条例》，事故划分为特别重大事故、重大事故、较大事故和一般事故 4 个等级。

1）特别重大事故：是指造成 30 人以上死亡，或者 100 人以上重伤，或者 1 亿元以上直接经济损失的事故。

2）重大事故：是指造成 10 人以上 30 人以下死亡，或者 50 人以上 100 人以下重伤，或者 5000 万元以上 1 亿元以下直接经济损失的事故。

3）较大事故：是指造成 3 人以上 10 人以下死亡，或者 10 人以上 50 人以下重伤，或者 1000 万元以上 5000 万元以下直接经济损失的事故。

4）一般事故：是指造成 3 人以下死亡，或者 10 人以下重伤，或者 1000 万元以下直接经济损失的事故。

其中，事故造成的急性工业中毒的人数，也属于重伤的范围。

2.1.2 事故类型确定原则

土木工程安全生产事故按照不同的分类标准，可以分为多种类型的事故，而对于按致害起因分类的伤亡事故类别，在事故类型判定上可能存在交叉的事故形态，则以该事故的起因物作为确定事故类型的一般原则。如：工人从施工电梯坠落，若其根本原因是人员自身问题，施工电梯设置符合国家规范且运行良好，此时将此事故判定为高处坠落；若根本原因是施工电梯存在安全隐患，则应将此事故判定为起重伤害。所谓起因物就是导致事故发生的物体、物质，致害物就是在事故发生过程中直接引起伤害或造成当事人死亡的物质。起因物和致害物可能为同一物体，比如物体打击事故里的高处坠落的尖锐或重型物体，也有可能是不同的物体，比如在一例起重伤害事故中，起因物是过度磨损的索具，而致害物则是由吊钩上所掉下的重物。常见事故的起因物及致害物见表 2-3。

表 2-3　常见事故的起因物和致害物

序次	事故类型	起 因 物	致 害 物
1	物体打击	由各种原因引起的同一落物、崩块、冲击物、滚动体，上下或左右摆的物体以及其他足以引发打击伤害的运动状态硬物	
		引发其他物体状态突变的物体，如撬棍（杠）、绳索、拉曳物和障碍物等	在受突发力作用时发生弹出、倾倒、掉落、滚动、扭转等态势变化的物体，如模板、支撑杆件、钢筋、块体材料、器具等，以及作业人员（自身受害并可能同时伤害别人）
2	高处坠落	脚手架或作业区的外立面无护栏和架面未满铺脚手板	施工人员受自身的重力运动伤害
		高空作业未佩挂安全带	
		"四口"未加设的盖板或其他覆盖物	
		失控坠落的梯笼和其他载人设备	
		由于操作不当或其他原因造成失稳、倾倒、掉落并拖带施工人员发生高空坠落的手推车和其他器物	

续表2-3

序次	事故类型	起 因 物	致 害 物
3	机械和起重伤害	没有拆去或质量与装设不符合要求的安全罩	机械的转动和工作部件
		机械进行车、刨、钻、铣、锻、磨、镗、加工的工作部件	
		加工件的不牢靠的夹持件	脱出的加工件
		起重的吊物	失稳、倾翻的起重机
		软弱和不平衡的地基、支垫	
		破断、松脱、失控的索具	倾翻、掉落、折断、前冲的吊物、重物
		变形或破坏的吊架	
		失控或失效的限控（控速、控重、控角度、控行程、控停、控开闭等）、保险（断绳、超速、停靠、冒顶等）和操作装置	失控的臂杆、起重小车、索具吊钩、吊笼（盘）或机械的其他部件
		滑脱、折断的撬棍（杠）	失控、倾翻、掉落的重物和安装物
		失稳、破坏的支架	
		启闭失控的料笼、容器	散落的材料、物品
		拴挂不平衡的吊索	严重摆动、不稳定回转和下落的吊物
		失控的回转和控速机构	
4	触电伤害	未加可靠保护，破皮损伤的电线、电缆	
		架空高压裸线	误触高压线的起重机的臂杆和施工中的其他导电物体
		未予设置或不合格的接零（地）、漏电保护设施	电动工具和漏（带）电设备
		未设门或未上锁的电闸箱	易误触电的电器开关（特别是闸刀开关）
5	坍塌伤害	流砂、涌水、水冲、滑坡引起的坍方	坑、槽坍方
		停靠在坑、槽边的机械、车辆和过重的堆物	
		没有或不符合要求的降水和支护措施	
		受坑槽开挖伤害的土木工程结构基础和地基	整体或局部倒塌的建（构）筑物
		设计不安全或施工有问题的工程主体和临时设施	整体或局部坍塌、破坏的工程结构、临时设施及其杆部件和载存物品
		不均匀沉降的地基	
		附近有强烈的震动、冲击源	
		强劲自然力（风、雨、雪、地震）	
		拆除的部分结构杆件或首先出现破坏的局部杆件与结构	
		承载后发生变形、失稳或破坏的支撑杆件或支承架	发生倾倒、坍塌的设于支撑架上的结构、设备和材料物品
		堆置过高、过陡或基地不牢的堆置物	

2.1.3　常见事故类型及规律

2.1.3.1　常见事故类型

土木工程行业每年发生职业伤害事故的数量在我国各行业中列第 3 位，仅次于交通和煤矿业。在所发生的事故中，常见类型最具有代表性的五种事故有：高处坠落、坍塌、物体打击、机械伤害和触电事故，总伤亡比占全部事故 90% 以上。

通过对近几年来的土木工程安全事故统计分析可知，2010 年~2013 年前三季度，全国房屋市政工程生产安全事故共计发生安全事故 2087 起，其中 80% 多都是高层施工工地上引起的安全事故。按照类型划分，高处坠落事故 1081 起，占总数的 51.80%；坍塌事故 305 起，占总数的 14.61%；物体打击事故 285 起，占总数的 13.65%；起重伤害事故 174 起，占总数的 8.34%；火灾、机具伤害、触电、车辆伤害、中毒和窒息等其他事故 242 起，占总数的 11.60%（见表 2-4）。

表 2-4　2010~2013 年事故发生情况统计

类　型	2010		2011		2012		2013（前三季）	
	起数	比例	起数	比例	起数	比例	起数	比例
高处坠落	297	47.37%	314	53.31%	257	52.77%	213	55.47%
物体打击	105	16.75%	71	12.05%	59	12.11%	50	13.02%
起重伤害	44	7.02%	49	8.32%	50	10.27%	31	8.07%
坍　塌	93	14.83%	86	14.60%	67	13.76%	59	15.36%
其　他	88	14.03%	69	11.72%	54	11.09%	31	8.07%

2.1.3.2　事故发生规律

（1）发生事故的时间规律：

1）事故发生数量按月分布显示，事故发生频率较高的月份是 4~6 月，其次是年底的几个月。每年 1~2 月是元旦和春节，多数单位的施工现场放假，事故处于低潮。每年开春后，各施工现场开始进入施工期，而人员的思想尚未完全进入施工状态。随着工程进入施工旺季，任务增加，节气发生变换，发生事故的可能性相对增加。同时一年的节假日前后也是事故的高发时期，在施工高峰期尤为明显。

2）事故发生按日分布显示，发工资和发奖金期间事故发生频率较高，在此期间，员工的思想不稳定，常常分心走神，分散了施工中的安全注意力。

3）事故发生按时分布显示，事故发生频率高的时间是上午 10 时和下午 2~3 时左右，主要原因是施工人员体力消耗增大，身体疲乏，注意力不集中。

（2）发生事故的年龄规律。发生伤亡事故最多的是 18~30 岁的青年人。因安全施工知识和经验比较缺乏，对施工现场危险的辨别能力较差，容易发生事故。

（3）发生事故的环境规律：

1）地点因素。辅助、附属的工程事故频率高。主体工程虽然工作量大，施工人员众多，施工环境恶劣，但由于安全施工管理到位，事故频率反而要低，而对于忽视安全管理，不重视安全的偏远、短小的作业面（现场），常常容易发生事故。

2）专业分布。施工现场发生事故最多的是安装、装饰装修作业，其中电气作业为第一位，吊装、起架、木工作业事故频率次之。这与其工作性质有关，安装、装饰装修作业人员，机械密集度高，水平、垂直立体交叉施工难以避免，所以发生事故的概率最高。

3）用工形式因素。农村来的包工队、农民工，对安全施工认识不足，安全意识薄弱，安全知识贫乏，素质较低，不知对自身进行安全保护是发生事故的主要原因。

2.2　土木工程安全事故致因理论

2.2.1　事故致因理论

土木工程事故致因理论是从大量典型事故本质原因的分析中提炼出的事故机理和事故模型。这些机理和模型反映了事故发生的规律性，能够为安全事故原因进行定性、定量分析，为事故的预测预防与改进安全管理工作，从理论上提供科学的、完整的依据。

随着科学技术和生产方式的发展，事故发生的本质规律在不断变化，人们对事故原因的认识也在不断深入，因此先后出现了多种具有代表性的事故致因理论和事故模型。

2.2.1.1　事故因果连锁理论

A　海因里希因果连锁理论

（1）理论基础。1936年美国人海因里希（W. H. Heinrich）最早提出事故因果连锁理论。海因里希认为，伤害事故的发生是一连串的事件，是按一定因果关系依次发生的结果。他用五块多米诺骨牌形象地说明这种因果关系，即第一块牌倒下后会引起后面的牌连锁反应而倒下，最后一块牌即为伤害。因此，该理论也被称为"多米诺骨牌"理论。

海因里希同时还指出，控制事故发生的可能性及减少伤害和损失的关键在于消除人的不安全行为和物的不安全状态，即在骨牌系列中，如果移去中间的一张骨牌，则连锁被破坏，事故过程被终止。只要消除了人的不安全行为或是物的不安全状态，伤亡事故就不会发生，由此造成的人身伤害和经济损失也就无从谈起。这一理论从产生伊始就被广泛应用于安全生产工作中，被奉为安全生产的经典理论，对后来的安全生产产生了巨大而深远的影响。

（2）理论模型。海因里希认为事故连锁模型（见图2-1），其中的五张多米诺骨牌分别代表以下因素：

1）遗传及社会环境：遗传及社会环境是造成人的缺点的原因。遗传因素可能使人具有鲁莽、固执、粗心等不良性格；社会环境可能妨碍人的安全素质培养，助长不良性格的发展，这种因素是因果链上最基本的因素。

2）人的缺点：包括鲁莽、固执、过激、神经质、轻率个体等性格上的先天缺点，以及缺乏安全生产知识和技术等后天缺点。

3）人的不安全行为或物的不安全状态：是指那些曾经引起过事故，可能再次引起事故的人的行为或机械、物质的状态，它们是造成事故的直接原因。

4）事故：即由于人、物或环境的作用或反作用，使人员受到伤害或可能受到伤害、出乎意料的、失去控制的事件。

5）伤害：即直接由事故产生的财产损害或人身伤害。

（3）在预防事故中的应用。根据多米诺骨牌理论，土木工程施工项目的安全管理重点应是防止施工现场参与人员的不安全行为，消除机械或物质的不安全状态，中断事故的进

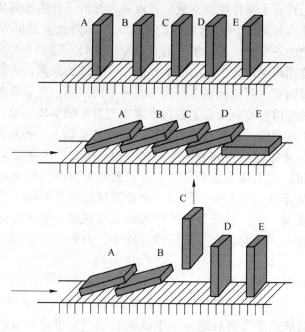

图 2-1　多米诺骨牌理论模型

程以避免事故的发生。因此，全社会要重视土木工程施工安全生产，提高安全意识，加强对人员的安全教育及技能教育，从本质安全化角度消除内在的不安全因素。施工现场要求每天工作开始前必须认真检查施工机具和施工材料，并且保证施工人员出于稳定的工作状态等，这些都是该理论在在工程建设安全管理中的应用与体现。

后人在海因里希事故因果连锁理论的基础上，进一步对因果连锁理论进行研究，得出多种理论方法，在进行具体事故分析时各有其优缺点，下面作简要介绍和比较。

B　博德事故因果连锁理论

美国人小弗兰克·博德（Frank Bird）在海因里希事故因果连锁理论的基础上，提出了与现代安全观点更加吻合的事故因果连锁理论（见图 2-2）。

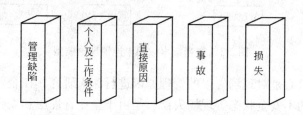

图 2-2　博德事故因果连锁理论模型

博德的事故因果连锁过程同样包括 5 个因素，但每个因素的含义与海因里希的都有所不同：1）本质原因——管理缺陷，事故因果连锁中一个最重要的因素是安全管理，对于大多数工业企业来说，只能通过完善安全管理工作，才能防止事故的发生，因此安全管理必须不断地适应生产的发展和变化，防止事故的发生；2）基本原因——个人原因及工作条件，个人原因包括缺乏安全知识或技能，行为动机不正确，身体上或精神上的问题，工作条件方面的原因包括安全操作规程不健全，设备、材料不合格等环境因素，只有找出并控制这些原因，才能有效地防止后续原因的发生，从而防止事故的发生；3）直接原因，人的不安全行为或物的不安全状态是事故的直接原因；4）事故；5）损失。

博德事故因果连锁理论认为事故的根本原因在于管理的缺陷，人或者物的不安全只是事故发生的直接触发因素，而究其根本，在于管理上的缺陷。在企业的运营过程中，由于资金或者技术等各种原因，完全依靠工程技术来实现真正的本质安全，并达到预防事故的目的是既不经济也不现实的，在既有的工程技术措施的基础上，不断提高和完善企业内外部的安全管理工作，才能防止事故的发生。这一观点与现代企业安全管理或者现代企业管理的观点基本一致。在大部分的企业内部，目前都设置专门的安全管理部门或者专职的安全管理人员，从系统上实施安全管理。企业管理层也意识到，企业的生产运营没有严格意义上实现本质安全化，就必须实施完善的安全管理。由此可见，安全管理是企业管理中重要的组成部分。因此，在生产运营过程中，由于安全管理的缺陷，可能导致事故的发生。

C　亚当斯事故因果连锁理论

亚当斯（Edward Adams）提出的事故因果连锁理论类似于博德的事故因果连锁理论模型。该理论以表格的形式更为直观地显示事故的致因，对事故的致因进行了更加深入的研究。

在亚当斯事故因果连锁理论中，其事故和损失的因素与博德理论模型相似，不过在模型的定义或归类上略有不同。在该理论中，把人的不安全行为和物的不安全状态并称为现场失误（见图2-3）。

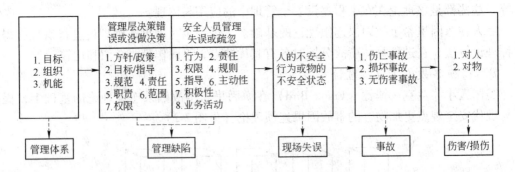

图2-3　亚当斯事故因果连锁理论模型

亚当斯理论的核心是对现场失误的管理原因进行深入研究。在企业生产运营过程中人的不安全行为及物的不安全状态等现场失误，是由于企业管理层和安全管理人员的管理缺陷造成的，这些管理缺陷可能包含管理层的决策错误、甚至没有做出决策，安全人员管理失误或疏忽等，而管理失误又是因为企业管理体系中的问题所致。在现在企业安全管理中，亚当斯的理论与实践基本一致。不管是企业推行安全管理体系还是实施安全标准化建设，都建立相应的安全目标，成立相应的组织和机能，管理层对安全管理做出承诺，安全人员在制度和规范的指导下，实施安全管理，避免因为管理上的缺陷而导致现场失误。但是，该理论对人的因素和环境的因素较少涉及，在企业安全管理过程中存在一定的局限性。

D　北川彻三事故因果连锁理论

上述三种事故因果连锁理论都把考察范围局限在企业内部，用以指导企业内部的事故预防工作，实际上，发生事故伤害的原因是复杂多变的。企业作为社会的一个组成体，其所在国家或地区的政治、经济、文化、宗教、科技发展水平等诸多社会因素对企业内部伤害事故的发生都有影响，因而其预防措施的制定和实施应根据上述综合性的影响而变化。

日本在工业化的进程中，北川彻三基于上述不足，对前人的事故因果连锁理论进行总结和修订，提出了另外一套更为综合性的事故因果连锁理论（见图2-4）。

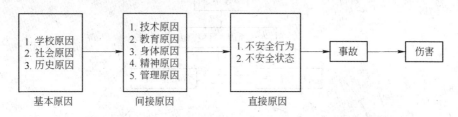

图2-4　北川彻三事故因果连锁理论模型

在北川彻三事故因果模型中，事故的间接原因包括技术、教育、身体、精神上的原因，其中技术原因指机械、装置、设施的设计、建造、维护有缺陷；教育原因指因教育不充分而导致人员缺乏安全知识及操作经验；身体原因则指人员的身体状况不佳；精神原因包括人员的不良态度、性格及不稳定情绪等等。而事故的根本原因包括因为管理层不重视、作业标准不明确、制度不完善、人员安排不当等管理原因，以及因为教育机构的教育不充分而导致的学校教育原因和社会及历史因素等等。

以上四个理论模型，以海因里希因果连锁理论为基础，在实际运用中各有利弊，在此作简要分析比较（见表2-5）。

表2-5　各因果连锁理论模型分析比较

模型名称	提出者	模型简介	不足之处
海因里希因果连锁理论	美国的海因里希（H. W. Heinrich）	伤亡事故的发生不是一个孤立的事件，而是一系列原因事件相继发生的结果	局限性：把人的不安全行为和物的不安全状态的产生原因完全归因于人的缺点
博德事故因果连锁理论	美国的小弗兰克·博德（Frank Bird）	在海因里希理论基础上提出，认为事故的根本原因是管理失误	把事故原因完全归结于管理失误
亚当斯事故因果连锁理论	英国的亚当斯（Edward Adams）	对海因里希理论的缺陷和不足进行了补充，将人的不安全行为和物的不安全状态称为现场失误	仅对造成现场失误的管理原因进行了分析
北川彻三事故因果连锁理论	日本的北川彻三	诸多社会因素对伤害事故的发生和预防都有重要的影响	—

2.2.1.2　能量意外转移理论

（1）理论基础及模型。1961 年 Gibson、1966 年 Haddon 等人对生产条件、机械设备和物质的危险性在事故致因中的作用进行了研究，提出了事故发生物理本质的能量意外释放理论，进一步发展了事故致因理论。认为事故是一种不正常的或不被希望的能量释放，各种形式的能量是构成伤害的直接原因。于是，应通过控制能量，或者控制作为能量达到人体媒介的能量载体来预防伤害事故，如图 2-5 所示。

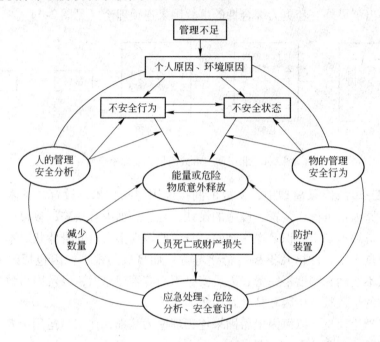

图 2-5　能量意外转移模型图

土木工程施工和日常生活中经常遇到各种形式的能量，如机械能、热能、电能、化学能、电离及非电离辐射、声能、生物能等，它们的意外释放都可能造成伤害或损坏。

（2）运用该理论进行事故分析。基本方法：首先确认某个系统内的所有能量源，然后确定可能遭受该能量伤害的人员，伤害的严重程度，进而确定控制该类能量异常或意外转移的方法。

能量转移理论与其他事故致因理论相比，具有两个主要优点：把各种能量对人体的伤害归结为伤亡事故的直接原因，从而决定了以对能量源及能量传送装置加以控制作为防止或减少伤害发生的最佳手段这一原则；依照该理论建立的对伤亡事故的统计分类，是一种可以全面概括、阐明伤亡事故类型和性质的统计分类方法。

2.2.1.3　轨迹交叉理论

（1）事故理论及模型。轨迹交叉论的基本思想是：伤害事故是许多相互联系的事件顺序发展的结果。这些事件概括起来不外乎人和物（包括环境）两大发展系列。当人的不安全行为和物的不安全状态在各自发展过程中（轨迹），在时间、空间发生了接触（交叉），能量转移于人体时，伤害事故就会发生。而人的不安全行为和物的不安全状态之所以产生和发展，又是受多种因素作用的结果。多数情况下，在直接原因的背后，往往存在着企业经营者、监督管理者在安全管理上的缺陷，这是造成事故的本质原因（见图2-6）。起因物与施害物可能是不同的物体，也可能是同一物体，同样，肇事者与受害人可能是不同的人，也可能是同一个人。

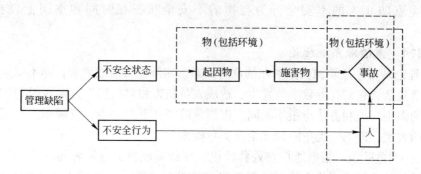

图2-6 轨迹交叉理论事故模型

轨迹交叉理论说明人、机、物环境各自不安全因素的存在，并不立即或直接造成事故，而是需要其他不安全因素的激发。例如，高空作业不带安全帽不系安全带处于不安全状态；塔吊吊装材料不牢处于不安全状态；脚手架上的作业面狭窄处于不安全状态。如果作业人员既不系安全带又在狭小的作业面上高空作业则很容易高处坠落造成伤亡，如果塔吊吊装的坚硬材料砸到不戴安全帽的人员头上必定造成伤亡，产生严重后果。根据轨迹交叉理论，可以从防止人和物的运动轨迹的交叉、控制人的不安全行为和控制物的不安全状态三个方面来考虑预防土木工程施工项目安全事故的发生。

（2）轨迹交叉理论作用原理。轨迹交叉理论强调人的因素和物的因素在事故致因中占有同样重要的地位。轨迹交叉理论将事故的发展过程描述为：基本原因→间接原因→直接原因→事故→伤害。因此，需要从事故发展运动的角度，描述事故致因导致事故的运动轨迹，具体包括人的因素运动轨迹和物的因素运动轨迹（见表2-6）。

表2-6 人与物的因素运动轨迹

轨迹 \ 种类	人的因素运动轨迹	物的因素运动轨迹
A(a)	A. 生理、先天身心缺陷	a. 设计上的缺陷，如用材不当、强度计算错误、结构完整性差等
B(b)	B. 社会环境、企业管理上的缺陷	b. 制造、工艺流程上的缺陷
C(c)	C. 后天的心理缺陷	c. 维修保养上的缺陷，降低了可靠性
D(d)	D. 视、听、嗅、味、触觉等感官能量分配上的差异	d. 使用上的缺陷
E(e)	E. 行为失误	e. 作业场所环境上的缺陷

在土木工程施工生产过程中，人的因素运动轨迹按其 A→B→C→D→E 的方向顺序进行，物的因素的运动轨迹按其 a→b→c→d→e 的方向进行。人与物两轨迹相交的时间与地

点，就是发生施工安全生产事故的"时空"，也就是导致事故发生的原因。

运用轨迹交叉理论来预防土木工程施工中安全事故的发生，突出强调的是砍断事件链。因此，提倡使用安全和可靠性高的设备及材料，提高人的安全意识，减少人为失误等，重点防止人的不安全行为与物的不安全状态在时间和空间上碰撞而发生事故。

2.2.1.4　危险源系统理论

（1）理论基础。危险源就是潜在的危险因素。实际上，事故因素，即不安全因素种类繁多、非常复杂，它们在导致事故发生、造成人员伤害和财物损失方面所起的作用很不相同，它们的识别、控制方法也很不相同。根据危险源在事故发生、发展中的作用，把危险源划分为两大类，即第一类危险源和第二类危险源。

1）第一类危险源。根据能量意外释放论，事故是能量或危险物质的意外释放，作用于人体的过量的能量或干扰人体与外界能量交换的危险物质是造成人员伤害的直接原因。于是，把系统中存在的、可能发生意外释放的能量或危险物质称作第一类危险源。第一类危险源具有的能量越多，一旦发生事故其后果越严重。相反，第一类危险源处于低能量状态时比较安全。同样，第一类危险源包含的危险物质的量越多，干扰人的新陈代谢越严重，其危险性越大。

2）第二类危险源。在土木工程生产活动中，为了利用能量，让能量按照人们的意图在系统中流动、转换和做功从而按照人们的意愿完成土木工程生产活动，必须采取措施约束、限制能量，即必须控制危险源，防止能量意外释放。实际上，绝对可靠的控制措施并不存在，在许多因素的复杂作用下约束、限制能量的控制措施可能失效，能量屏蔽可能被破坏而发生事故。导致约束、限制能量措施失效或破坏的各种不安全因素称作第二类危险源。

（2）该理论在事故发展中的机理。一起事故的发生是两类危险源共同起作用的结果。第一类危险源的存在是事故发生的前提，没有第一类危险源就谈不上能量或危险物质的意外释放，也就无所谓事故。另一方面，如果没有第二类危险源破坏对第一类危险源的控制，也不会发生能量或危险物质的意外释放。第一类危险源在事故时释放出的能量是导致人员伤害或财物损坏的能量主体，决定事故后果的严重程度；第二类危险源出现的难易决定事故发生的可能性的大小。两类危险源共同决定危险源的危险性。

在实际的土木工程安全事故预防工作中，第一类危险源客观上已经存在并且在设计、建造时已经采取了必要的控制措施，因此事故预防工作的重点乃是第二类危险源的控制问题。

2.2.1.5　事故树分析理论

（1）理论基础。事故树分析（accident tree analysis，简称 ATA）理论起源于故障树分析法（简称 FTA），是美国贝尔电话实验室于 1962 年开发的。它采用逻辑分析的方法，形象地进行危险的分析工作，特点是直观、明了，思路清晰，逻辑性强，可以做定性分析，也可以做定量分析，体现了以系统工程方法研究安全问题的系统性、准确性和预测性。它是安全系统工程的主要分析方法之一，是安全系统工程的重要分析方法之一，是一种演绎的安全系统分析方法。它能对各种系统的危险性进行辨识和评价，不仅能分析出事故的直接原因，而且能深入地揭示出事故的潜在原因。它是从要分析的特定事故或故障开始（顶上事件），层层分析其发生原因，直到找出事故的基本原因，即故障树的底事件为止。这些底事件又称为基本事件，他们的数据是已知的或者已经有过统计或实验的结果。

（2）分析程序。事故树分析虽然根据对象系统的性质、分析目的的不同，分析的程序也不同，但一般都有下面的基本程序（见图 2-7）。有时，使用者还可根据实际需要和要求，来确定分析程序。

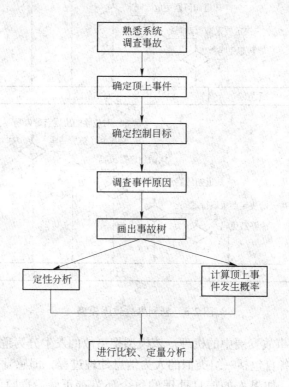

图 2-7　事故树分析程序

其中，定量分析包括下列三个方面的内容：

1）当事故发生概率超过预定的目标值时，要研究降低事故发生概率的所有可能途径，可从最小割集着手，从中选出最佳方案；

2）利用最小径集，找出根除事故的可能性，从中选出最佳方案；

3）求各基本原因事件的临界重要度系数，从而对需要治理的原因事件按临界重要度系数大小进行排队，或编出安全检查表，以求加强人为控制。

事故树分析理论方法原则上是这些步骤，但在具体分析时，可以根据分析的目的、投入人力物力的多少、人的分析能力高低，以及对基础数据的掌握程度等，分别进行到不同步骤。如果事故树规模很大，也可以借助电子计算机进行分析。

2.2.1.6　瑟利事故理论模型

（1）理论基础。1969 年瑟利（J. Surry）提出了一种事故模型，以人对信息的处理过程为基础描述事故发生的因果关系，这一模型称为瑟利事故模型（Surry's Accident Model）。这种理论认为，人在信息处理过程中出现失误从而导致人的行为失误，进而引发事故（见图 2-8）。

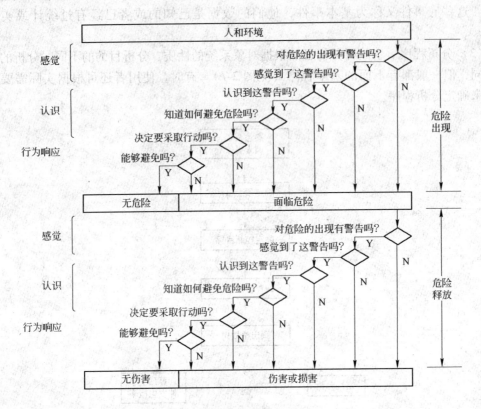

图 2-8　瑟利事故致因模型

（2）瑟利模型在事故发展中的机理。该模型把事故的发生分为危险出现和危险释放两个阶段，这两个阶段各自包括一组类似的人为信息处理过程，即感觉、认识和行为响应过程。在危险出现阶段，如果人的信息处理的每个环节都正确，危险就能被消除或得到控制；反之，就会使操作者直接面临危险。在危险释放阶段，如果人的信息处理过程的各个环节都是正确的，则虽然面临着已经显现出来的危险，但仍然可以避免危险释放出来，不会带来伤害或损害；反之，危险就会转化成伤害或损害。

瑟利模型在实际安全管理过程中，给出了分析危险出现、释放直至导致事故的原因，与此同时，还为事故预防提供了一个良好的思路：要想预防和控制事故，首先应采用技术的手段使危险状态充分地显现出来，使操作者能够有更好的机会感觉到危险的出现和释放，这样才有预防或控制事故的条件和可能；其次应通过培训和教育的手段，提高人感觉危险信号的敏感性，包括抗干扰能力等，同时也应采用相应的技术手段帮助操作者正确地感觉危险状态信息，如采用能避开干扰的警告方式或加大警告信号的强度等；再次应通过教育和培训的手段使操作者在感觉到警告之后，准确地理解其含义，并知道应采取何种措施避免危险发生或控制其后果，同时，在此基础上，结合各方面的因素做出正确的决策；最后，则应通过系统及其辅助设施的设计使人在做出正确的决策后，有足够的时间和条件做出行为响应，并通过培训的手段使人能够迅速、敏捷、正确地做出行为响应。这样，事故就会在相当大的程度上得到控制，取得良好的预防效果。

2.2.1.7 鱼刺图分析法

（1）理论基础及模型。鱼刺图是由日本管理大师石川馨先生所发明出来的，故又名石川图。鱼刺图是一种发现问题"根本原因"的方法，它也可以称为"Ishikawa"或者"因果图"，具体模型如图2-9所示。

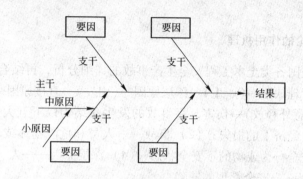

图2-9　鱼刺图事故模型

（2）鱼刺图的建立及分析步骤。鱼刺图分析，就是把可能引起某一故障或事故的直接和间接因素按不同层次进行排列，形成既有脊骨又有分刺的鱼刺图，故而得名。

鱼刺图的画法首先要明确画图对象的特性，要进行事故的调查与分析，这画图对象就是发生的事故；其次根据影响事故发生的各种因素，分别找出它的大原因、中原因、小原因，依次用大小箭头标出，箭头的图形类似鱼刺形状，可以使大、中、小原因很清晰。

影响某事故安全的主要因素，也就是鱼刺图的脊骨部分，即大原因，大原因确定后，再找出影响大原因的中原因，依次找出影响中原因的小原因，这样层层分解，使它们的相互关系和影响清晰，最终暴露的问题（小原因）要具体。其分析步骤如下：

1）确定问题。在具体分析时，可以从事故出发，首先分析哪些因素是影响事故的大原因，进而从大原因出发寻找中原因、小原因和更小原因，并查出和确定主要原因。明确要解决问题的准确含义，用确切的语言把事故表达出来，并用方框画在图面的最右边。

2）调查问题。影响事故发生的因素多种多样，这些因素往往又错综复杂地交织在一起，只有准确地找出问题产生的根源才能从根本上解决问题，才能作出准确的图形。

3）分析原因。按脑力激荡分别对各层类别找出所有可能原因（因素），从这个事故出发先分析大原因，再以大原因作为结果寻找中原因，然后以中原因为结果寻找小原因，甚至更小的原因。

4）综合分类。找出各要素进行重要程度及彼此间的因果关系归类、整理和分类，梳成辫子，明确其从属关系，并分析选取重要因素。

5）分类填图。检查各要素的描述方法，确保语法简明、意思明确。画出主干线，主干线的箭头指向事故，再在主干线的两边依次用不同粗细的箭头线表示出大、中、小原因之间的因果关系，在相应箭头线旁边注出原因内容。

（3）鱼刺图分析法的特点。其特点是简捷实用，深入直观。它看上去有些像鱼刺，问题或缺陷（即后果）标在"鱼头"外。在鱼骨上长出鱼刺，上面按出现机会多寡列出产生生产问题的可能原因。鱼刺图有助于说明各个原因之间的主次关系及如何相互影响。它也能表现出各个可能的原因是如何随时间而依次出现的。运用鱼刺图进行土木工程事故分析，层次分明、思路清晰，对于后期制定相应的改善措施也有清晰的指导作用。

2.2.2　事故致因理论的作用机理

通过对近几年全国各类土木工程安全生产事故的详细分析，再结合上述致因理论的作用机理，即：安全管理缺陷→（产生）→深层原因→（引发）→直接原因→（轨迹交叉、导致）→事故→（造成能量意外释放）→伤害，将事故的发生总结为以下五大原因，即：（1）伤害——生命、健康、经济上的损失；（2）事故——人员和危险物体或环境接触；（3）直接原因——人的不安全行为或物的不安全状态；（4）深层原因——人、设备及管理的不良致因；（5）根本原因——安全管理的缺陷。

在运用致因理论进行分析时，其中的安全管理缺陷、深层原因和直接原因，都可以认为是事故发生前的一个或多个危险因素——危险源。

2.3　土木工程安全事故分析程序

2.3.1　事故调查

事故调查应弄清楚如下几个问题：在什么情况下，为什么发生事故；在操作什么机器或进行什么作业时发生事故；事故的性质和原因是什么；机器设备工具是否符合安全要求；防护用具是否完好；劳动组织是否合理；操作是否正确、正常；有无规章制度，并且是否认真贯彻执行；负伤者的工种、性别及作业熟练程度如何；工种间的相互协作如何；劳动条件是否安全；道路是否畅通；工作地点是否满足作业要求；通风、照明是否良好；有无必要的安全装置和信号装置。事故安全处置工作关系如图 2-10 所示。

（1）事故调查的主要依据。事故调查的主要依据有《中华人民共和国安全生产法》、《生产安全事故报告和调查处理条例》（国务院令第 493 号）、《国务院关于特大安全事故行政责任追究的规定》（国务院令第 302 号）、《〈生产安全事故报告和调查处理条例〉罚款处罚暂行规定》（安监总局令第 13 号）、《安全生产违法行为行政处罚办法》（安监总局令第 15 号）、《重庆市安全生产监督管理条例》、《企业职工伤亡事故分类》（GB 6441—86）、《企业职工伤亡事故调查分析规则》（GB 6442—86）、《企业职工伤亡事故经济损失统计标准》（GB 6721—86）、《事故伤害损失工作日标准》（GB/T 15499—95）。

目前我国伤亡事故调查基本上是按照逐级上报，分级调查处理。事故调查应遵循以下基本原则：

1）调查事故应实事求是，以客观事实为依据。

2）坚持做到"四不放过"的原则，即事故原因分析不清不放过、事故责任者没有受到处理不放过、整改措施不落实不放过、有关责任人和群众没有受到教育不放过。

3）事故是可以调查清楚的，这是调查事故最基本的原则。

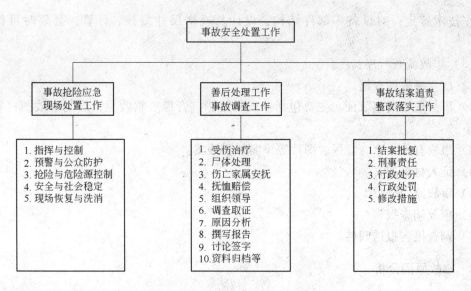

图 2-10 事故安全处置工作关系

4）事故调查成员一方面要有调查的经验或某一方面的专长，另一方面应与事故没有直接利害关系。

（2）事故调查的方法。事故调查应从现场勘察、调查询问入手，收集人证、物证材料，进行必要的技术鉴定和模拟实验，寻求事故原因及责任者，并提出防范措施。事故的调查方法如图 2-11 所示。

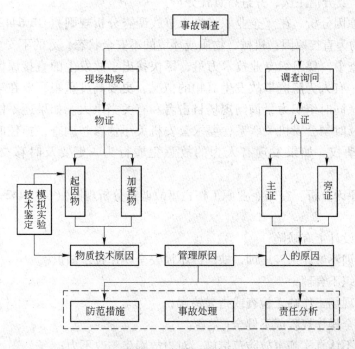

图 2-11 事故调查方法

进行技术鉴定与模拟实验的方法有：对设备、器材的破损、变形、腐蚀等情况，必要时可作技术鉴定；对设备零部件结构、设计及规格尺寸复核、计算，必要时可作模拟实验。

（3）事故调查程序：

1）成立事故调查组。

2）事故现场勘察取证。主要包括：现场摄影、音像资料收集；绘制事故图；有关物证搜集。

3）事故有关文字、音像、图片等事实材料搜集。

4）证人材料搜集。

5）事故原因分析。

6）事故调查报告。

7）调查报告报送归档。

2.3.2   事故原因分析

（1）事故原因分析的基本程序：

1）整理和阅读调查材料；

2）分析伤害方式（从伤害部位、性质、起因物、致害物、伤害方式、不安全状态、不安全行为进行分析）；

3）确定事故的直接原因和间接原因。

一般从直接原因入手，逐步深入到间接原因，从而掌握事故的全部原因。在分析事故原因的过程中，要分清主次，并进行责任分析。

（2）直接原因分析。在《企业职工伤亡事故调查分析规则》(GB 6442—86) 中规定，属于下列情况的为直接原因：机械、物质或环境的不安全状态；人的不安全行为。

在事故调查中，要组织专业技术力量，尽快找出事故发生的直接原因，特别是对于一些情况复杂，有人为隐匿事故发生真相的情况，更要高度重视，要在第一时间内组织专家勘察现场，同时组织力量询问现场目击者和有关当事人。如果还不能找到事故的直接原因，则要及时与公安机关联系，要求公安机关尽快参与调查，抓住时机，为整个调查工作争取主动权。如果发现有人为的故意犯罪行为，更要及时移交公安机关立案侦查。

（3）间接原因分析。在《企业职工伤亡事故调查分析规则》(GB 6442—86) 中规定了7个方面原因：

1）技术和设计上有缺陷；

2）教育培训不够，未经培训，缺乏或不懂安全操作技术知识；

3）劳动组织不合理；

4）对施工现场工作缺乏检查或指导错误；

5）没有安全操作规程或不健全；

6）没有或不认真实施事故防范措施，对事故隐患整改不力；

7）其他。

（4）提出预防及建议措施。

2.4　土木工程安全事故分析报告

结合国家有关规定，制定西安市建设工程事故处理基本程序，事故发生后，按以下程序进行处理。

（1）建设工程安全事故发生后，总监理工程师应签发《工程暂停令》，并要求施工单位必须立即停止施工，施工单位应立即实行抢救伤员，排除险情，采取必需措施，防止事故扩大，并做好标识，保护好现场。同时，要求发生安全事故的施工总承包单位迅速按安全事故类别和等级向相应的政府主管部门上报，并于 24 小时内写出书面报告。

工程安全事故报告应包括以下主要内容：

1）事故发生的时间、详细地点、工程项目名称及所属企业名称；

2）事故类别、事故严重程度；

3）事故的简要经过、伤亡人数和直接经济损失的初步估计；

4）事故发生原因的初步判断；

5）抢救措施及事故控制情况；

6）报告人情况和联系电话。

（2）监理工程师在事故调查组展开工作后，应积极协助，客观地提供相应证据。若监理方无责任，监理工程师可应邀参加调查组，参与事故调查；若监理方有责任，则应予以回避，但应配合调查组做好以下工作：

1）查明事故发生的原因、人员伤亡及财产损失情况；

2）查明事故的性质和责任；

3）提出事故的处理及防止类似事故再次发生所应采取措施的建议；

4）提出对事故责任者的处理建议；

5）检查控制事故的应急措施是否得当和落实；

6）写出事故调查报告。

（3）监理工程师接到安全事故调查组提出的处理意见涉及技术处理时，可组织相关单位研究，并要求相关单位完成技术处理方案，必要时，应征求设计单位的意见。技术处理方案必须依据充分，应在安全事故的部位、原因全部查清的基础上进行，必要时，组织专家进行论证，以保证技术处理方案可行可靠，保证安全。

（4）技术处理方案核签后，监理工程师应要求施工单位制定详细的施工方案，必要时，监理工程师应编制监理实施细则，对工程安全事故技术处理的施工过程进行重点监控，对于关键部位和关键工序应派专人进行监控。

（5）施工单位完工自检后，监理工程师应组织相关各方进行检查验收，必要时进行处理结果鉴定。要求事故单位整理编写安全事故处理报告，并审核签认，进行资料归档。建设工程安全事故处理报告主要包括以下内容：

1）职工重伤、死亡事故调查报告书；

2）现场调查资料（记录、图纸、照片）；

3）技术鉴定和试验报告；

4）物证、人证调查材料；

5）间接和直接经济损失；

6）医疗部门对伤亡者的诊断结论及影印件；

7）企业或其主管部门对该事故所做的结案报告；

8）处分决定和受处理人员的检查材料；

9）有关部门对事故的结案批复等；

10）事故调查人员的姓名、职务，并签字。

（6）根据政府主管部门的复工通知，确认具备复工条件后，签发《工程复工令》，恢复正常施工。

第 2 篇

土木工程安全生产案例分析

基于对我国主要城市工程项目安全生产工作的实地调查研究，本篇从中选取十个典型案例，结合现行规范标准从安全生产管理、技术和文明施工三个方面进行剖析，并给出综合评价及建议，重点展示目前安全生产工作的特色与不足，其中特色良好部分值得推广与借鉴，不足之处需要引以为戒。

3 安全生产案例分析（一）

3.1 工程项目概况

该工程项目位于陕西省西安市，为新建工厂，占地面积 9.1 万平方米，建筑面积约 5.2 万平方米，包括主办公楼、1 号工厂及附属办公楼、2 号工厂及附属办公楼、1 号门卫室、2 号门卫室、补给室、油漆库、气站室、室外综合管网工程。该工程项目特点与难点：结构形式为钢结构；施工厂区面积大，单位工程多且分布散；安全管理目标高。

在实施前，项目部针对现场安全环境管理工作已进行详细策划，确定出该工程项目安全生产目标、环境及文明施工目标：

（1）安全生产目标。"三无、一实现"，即无人身死亡或重伤事故，机械、设备无一般以上事故，无一般以上火灾事故，实现工程项目全员"0"伤害。

（2）环境及文明施工目标。

1）不发生环境污染事故，不出现违规投诉；

2）创建"陕西省级文明工地"；

3）取得国家三星级绿色建筑认证、办公楼取得 LEED 金级绿色建筑认证。

3.2 安全生产现状

3.2.1 安全生产管理现状

（1）安全生产管理制度：

1）总则。为保护员工在工作过程中的安全和健康，促进公司健康发展，提倡"安全第一，预防为主"原则，根据有关安全法规规定，结合公司实际情况，特制定本制度（适用于工程项目所有在册员工，包括试用期员工）。

2）安全范围：

①特殊工种作业人员的培训取证工作由公司人力资源开发公司负责具体的组织实施，由领导审批并负责实施。

②安全物资必须做好日常检查，并根据不同物资类型进行日常监督和定期检查。

③无出入证车辆不得进入施工现场。访客车辆在征得接待方同意后方可进入，并停放至指定位置。在现场施工道路的入口、十字口、转弯等部位设置限速标志。现场施工车辆限速 15km/h，对超速行驶的车辆予以处罚。

④项目部根据项目具体情况确定消防重点，配足足够消防器材并定期进行检查，明确疏散地点并定期进行防火演练。

⑤对存在一定风险的作业项目实行安全作业许可制度。

3）安全生产费用管理制度。安全生产费专款专用，工程项目按照建筑安装工程造价为计提依据，房屋建筑工程提取 2.0%。该工程项目按照 9000 万元为基数，安全生产费用计划提取 180 万元。

4）安全生产检查制度：

①项目部主管生产副经理负责组织项目部月度安全检查。

②项目安监部负责组织工程项目周安全检查，并负责对施工项目安全管理情况进行日常巡查工作，对发现安全施工隐患和文明施工问题的监督整改工作。

③施工队负责人负责组织本单位的安全、环境检查工作。施工队专职安全员参加本单位的安全检查，并负责各级检查中所发现问题的整改落实、本施工区域的日常检查。

④班组班长、兼职安全员负责本班组作业项目每班作业前、后的安全检查工作。

⑤工程项目预计计划安全检查 270 次、专项检查次数 128 次（见表 3-1）。

表 3-1　专项检查次数表

检查项目	PPE 佩戴	临时用电	消防	围护标识	起重吊装	高处作业	动火作业	文明施工	食堂卫生
检查次数	26	22	5	7	10	17	11	23	7

注：三次车辆检查（吊车、升降车）；两次安全带、防坠器等防坠设施专项检查；两次动火作业专项检查（电焊、割炬）；三次临时用电专项检查；两次吊装工具（吊索、U 形卡等）专项检查；其他检查视情况而定。

5）安全生产会议制度：

①项目部安全生产委员会议。项目部安全生产委员会议由安全健康环保部负责召集，由项目经理主持，安委会全体成员参加，安委会会议每季度召开一次或在特殊情况下召开。

②安全监督网例会。项目部安全健康环保部每周召开安全监督网会议，项目部全体专职安监人员（含分包单位安监人员）参加，会议由安全健康环保部主任主持。

③项目部月度安全工作例会。项目部定期召开安全工作例会，由公司安全健康环保部负责召集，项目部主管生产副经理主持，安委会成员、有关职能部室负责人、各施工队负责人、专职安全员等参与。

6）安全技术保证制度。编制总体工程项目安全技术措施编制计划，在编制施工方案或作业指导书时要同时编写安全施工措施，并在施工前进行安全交底、记录、签字，否则不许开工。

①对编制好的安全施工措施必须经过有关人员或部门审批、交底后方可执行。

②经项目总工程师审批签字后的安全施工措施，必须严格贯彻执行，未经审批人同意，任何人无权更改。

③对相同施工项目的重复施工，技术人员应重新报批安全施工措施，重新进行安全技术交底，不得直接使用原项目施工方案。

④在进入雨季和冬季施工前，由项目施工管理部负责编制雨季施工措施和冬季施工措施，方案经公司总工程师审批后实施。

7）安全生产教育培训制度：

①工程项目部级安全教育由安环部负责组织。

②工地级安全教育由施工队站专（兼）安监人员负责组织。

③班（组）级安全教育由班（组）长或兼职安全员负责教育。

8）特殊工种作业人员的安全教育培训：

①该工程项目涉及的特种作业范围依据国家安全监督管理总局《特种作业人员安全技术培训考核管理规定》及住建部《建筑施工特种作业人员管理规定》确定。

②特殊工种作业人员的培训取证工作由公司人力资源开发公司负责具体的组织实施。

③项目部根据工程施工的实际需要确定需培训的特殊工种人员数量，主管领导审核后，以培训需求表的方式报公司人力资源开发公司审批，并组织实施。

9）安全施工标志制度。按照《施工现场安全设置标志》要求，在现场设置"注意安全"、"佩戴安全帽"醒目标志；吊装作业区域设置警戒标识线并设置"禁止通行"、"禁止入内"、"当心坠落"等标志；在危险物品存放区域内设置"严禁入内"、"危险物品"等标志。

（2）安全生产管理机构。按照合同履约和项目管理的需要，公司成立项目经理部（以下简称"项目部"），代表公司（以下简称"业主"）签订施工承包合同。项目部组织管理体系即为项目部职业健康安全环境管理体系，各职能部门在职责范围内对职业健康安全环境管理负责，保障施工现场健康安全环境管理体系（见图3-1）。

1）安全生产委员会。项目部成立以项目经理（安全第一责任人）为主任的安全生产委员会。安全生产委员会组成：项目经理、项目副经理、总工程师、各部室主任、各施工队站负责人。安全生产委员会是项目职业健康安全环境管理的最高议事、决策机构。

2）安全健康环保部。项目部安全健康环保部是项目安全生产委员会的日常办事机构，负责安委会有关决议和措施执行情况的监督检查。安全健康环保部直接对项目经理负责，业务上接受公司安全监察部的指导和监督，该工程项目配备专职安检人员3人，在施工安全管理中3人各司其职对现场的安全施工、环境健康进行监管（见图3-2）。

3.2.2　安全生产技术现状

（1）模板搭设。该工程项目从一层开始采用定型大钢模施工，顶板采用木模板施工，

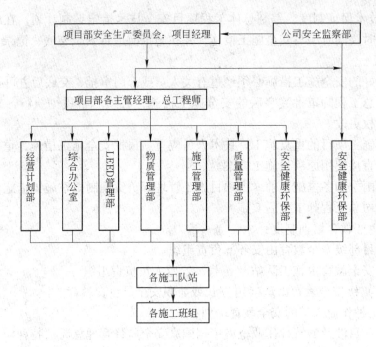

图 3-1　职业健康安全与环境管理体系

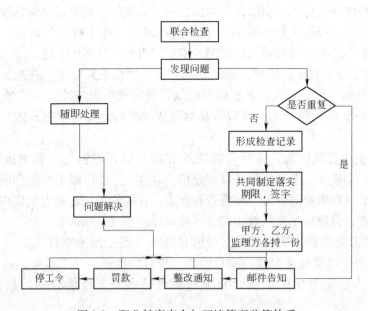

图 3-2　职业健康安全与环境管理监管体系

实行墙体和梁板分开浇筑的施工工艺（见图 3-3），提高整个工程的结构观感质量。但是在顶板的搭设时，施工人员直接站在里脚手架的横杆上作业，没有安全防护措施。定型大钢模重量大，搭设的时候需要塔吊的协助。

（2）临边设施运用彩色防护栏杆防护，美观大方。在施工过程中对楼梯用废弃模板进行防滑处理（见图 3-4），并设防滑条，实用、经济，实现废弃物再利用。

（3）施工用电。施工管理部设专人负责现场施工用电的统一管理，由专业班组或专业

图 3-3　浇筑混凝土

图 3-4　美观实用的楼梯

电气人员负责临时用电设施的日常维护管理。施工用电采用 TN-S 供电系统，实现工作零线和保护零线分离，并实行三级配电、二级保护。在钢筋加工车间、金加工场等固定生产临建设施按照"一机一闸一保护"标准进行三级配电箱设置。在施工现场无法设置固定式三级配电箱的区域，使用便携式三级配电盘。进入现场的设备、电气系统、或试运行新系统在使用前，项目部实施上锁挂牌程序，并提供符合该工程项目程序标准的所有锁钥和挂牌。施工现场临时配电柜标示明确（见图 3-5），对配电柜内所有的开关用途进行标识，电气设备型号选型必须符合负荷要求（见图 3-6）。

图 3-5　临时配电柜标示明确

图 3-6　配电柜内配置规范

（4）施工机具：

1）项目对所有机械实行"三定"（定机、定人、定职责）管理，施工管理部负责现场施工机械管理，设专人负责该工程项目使用机械的管理，各施工队站设兼职机械管理人员负责本单位使用机械的日常维护保养，并提前通知机械使用人员。

2）施工管理部建立机械管理台账，对进入现场的所有机械设备进行无差别管理。机械的拆装、运行责任必须在合同或安全协议中明确，严禁外租明令淘汰的机械设备，塔式起重机和其他提升设备投用前必须取得特种设备检验部门检测合格证明文件。

（5）安全设施。该工程项目拟使用以下安全设施：

1）区域管理措施。该工程项目对整个施工现场进行分区域管理。各区域使用蓝色彩钢板进行隔离，现场分为生活区、生产区、办公区三个区域，并在施工的主要通行处开口。

2）对正在施工道路、地下施工井盖入口处以及每个单体工程的隔离采用红白相间架管进行隔离（见图 3-7、图 3-8）。

图 3-7　施工场外安全围栏　　　　　　　　图 3-8　施工场内安全围栏

3.2.3　文明施工现状

（1）环境控制措施。为实现新建厂房取得国家三级绿色建筑认证，办公楼取得 LEED 金级绿色建筑认证，确保施工过程最大限度地减少对原有环境的扰动，该工程项目拟采取以下环境控制措施：

1）光污染控制措施：

①施工现场设置路灯用于道路照明。

②在主要施工区域采用镝灯做夜间施工的广式照明，控制灯光的照射方向，减少对外围建筑的影响。

③专人负责对照明的控制，在夜间施工停止后关闭现场所有照明光源（夜间巡逻保卫用灯光除外）。

2）固体废弃物控制措施：

①改善混凝土浇筑施工工艺，尽量减少浇筑混凝土过程中的撒漏现象。建筑垃圾要及时清理（见图 3-9），定点堆放，建筑工程项目要做到一日一清（见图 3-10）。

②对电池、硒鼓等含有重金属易对土壤和环境产生长期负面影响的固态废弃物，专门收集并联系专门的回收机构进行回收。

3）防尘控制措施：

①施工阶段，定时对道路进行淋水降尘，控制粉尘污染（见图 3-11）。

②施工现场物料堆放场地全部铺洒碎石（见图 3-12）。

③施工现场路面采用永临结合（见图 3-13），硬化处理，降低扬尘，并按作业组划分区域管理，指定专人每天洒水清扫，保持清洁。

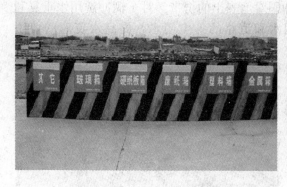

图3-9　生产区分类垃圾箱　　　　　　　图3-10　材料堆放区洁净化

图3-11　洒水抑扬尘　　　　　　　　　图3-12　石路抑扬尘

④现场内主干交通路面全部铺设200mm厚混凝土，其余空地栽种草坪进行绿化（见图3-14），做到黄土不露天。

图3-13　永临道路　　　　　　　　　　图3-14　临时绿化

4）水污染控制措施：

①确保雨水管网与污水管网分开使用，严禁将非雨水类的其他水排进市政雨水管网。施工现场设化粪池，将厕所污物经沉淀后排入市政污水管线。现场交通道路统一规划排水

沟（见图 3-15），控制雨水流向，减少雨水冲刷对地表土的携带。对车辆冲洗用水重复利用（见图 3-16），收集雨水用于现场绿化用水和道路的抑尘用水，提高水资源的使用效率。

图 3-15　绿色水沟（雨水收集）　　　　　图 3-16　环保洗车台

②加强对现场存放油品和化学品的管理，对存放油品和化学品的库房进行防渗处理，在储存和使用中防止油料跑、冒、滴、漏污染水体。

5）噪声污染控制措施：

①施工现场场界噪声邀请地方环保部门进行定期监测，施工噪声一旦超标及时采取控制措施，并根据噪声标准安排昼夜施工方案。场界噪声按照国家《建筑施工场界噪声排放标准》（GB 12523—2011）规定，噪声排放限值昼间（6：00 ~ 22：00）控制在 70dB，夜间（22：00 ~ 6：00）控制在 55dB。

②现场混凝土振捣采用低噪声混凝土振捣棒，不得振动钢筋和模板，保证施工质量。

③使用电锯切割时，应及时在锯片上刷油，且锯片转速不宜过快；使用电锤开洞、凿眼时，应使用合格的电锤，及时在钻头上注油或水。

④对木工锯、钢筋加工处理设备等易产生较大噪声的设备搭设防护棚，缩短噪声的传播距离（见图 3-17、图 3-18）。

图 3-17　钢筋棚（吸音板吊顶）　　　　　图 3-18　木工棚（隔音降噪）

⑤教育职工不得大声喧哗，不得敲打钢管、模板，现场卸料时轻拿轻放，严禁随意乱

扰，控制噪声产生。

⑥施工车辆进入现场后禁止鸣笛。

6）其他环境控制措施：

①对易燃、易爆、油品和化学品的采购、运输、贮存、发放和使用后对废弃物的处理制定专项措施，并设专人管理。

②对施工机械进行全面的检查和维修保养，保证设备始终处于良好状态，避免噪声、泄漏和废油、废弃物造成的污染。

③生活垃圾与施工垃圾分开，并及时组织清运。

④优先选择功能性、环保型、节能型材料设备。

（2）文明施工场地部署：

1）现场围挡。施工围墙已完成，施工区域、堆料场等进行围挡封闭施工，围挡采用红白相间活动围栏、办公区门前围挡，临西门内马路一侧围挡采用铁艺围挡、生活区围挡采用彩钢板围挡，围挡安装牢固稳定、连续设置，围挡高度为2.2m。在围挡上横挂安全标语，提醒过路行人"现场施工注意安全"（见图3-19）。

2）封闭管理：

①建筑工地西侧、南侧进出口通道各设置1个。工地南侧大门为车辆进出口，采用人车分流；工地西侧大门为员工出入大门，采用人车分流方式。两处大门均设置电动大门，并设有保安，有健全的出入登记管理制度，外来施工班组进入施工现场前在安保部门办理有入场许可证方可入场，现场作业人员凭工作现场工作证出入。场地主入口处设置自动闸机，工程项目相关人员须刷卡通过入内，外来人员须有保安开闸放行。现场保安人员统一配备安保人员专用服装，每人配有对讲机，施工期间夜间安排4名保安人员进行夜班值守。组织现场安保人员集体进行培训，严格遵守工程项目安保条例。

②所有人员进入工地时，必须佩戴个人防护用具，现场保安将进行PPE（聚乙烯制品）检查（见图3-20），对于不符合要求人员，可以拒绝其入场。

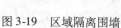

图3-19 区域隔离围墙　　　　　　　　　　图3-20 人员通过PPE室

③所有人员离开工地时，应将防护用具返还到指定地点，不得私自携带现场材料、器具离场，对于违反行为予以警告处理。

3）生活设施。包括宿舍、食堂、淋浴房、盥洗处、厕所、医疗保健室等。建造临时生活设施所用的建筑材料采用酚醛保温板墙防火型彩钢板活动房，可循环利用，符合环保、节能和消防的要求。搭设活动房有防火、防风等措施，结构强度、刚度及稳定性满足安全和使用要求。活动房墙壁和屋顶应采用保温隔热材料，符合安全、卫生、通风、采光、防火等要求。

①宿舍：宿舍内《住宿人员名单》、《职工宿舍管理制度》、《卫生值日表》上墙。保证有足够的生活空间，室内净高为 2.8m，通道宽度为 0.9m，人均居住面积 3.6m²。宿舍设置窗户，保证室内空气流通。宿舍内使用双层钢制床架，严禁使用地铺、通铺并采用硬化地面，宿舍内设置生活用品专柜。

②食堂：食堂必须符合《中华人民共和国食品卫生法》的要求，并持有《卫生许可证》，食堂设置在生活区西南角，设置独立餐厅三个。《食堂管理制度》、《操作人员健康证》、《卫生责任划分》、《卫生许可证》上墙。食堂设置独立的制作间、储藏间，门扇下方设置 0.2m 的防鼠挡板。制作间灶台及其周边应贴瓷砖，所贴瓷砖高度 1.5m，地面采用硬化和防滑处理。食堂配备消毒、冷藏和通风设施，食堂必须配备纱门、纱窗、纱罩等防护物品保证食物卫生安全。

③淋浴房、盥洗处及厕所标准：在生活区西侧浴室、盥洗室中《管理制度》、《卫生责任划分》上墙。浴房、盥洗处分别设置淋浴喷头及节水龙头。淋浴房、盥洗处地面作防滑处理，均采用太阳能保证充足的热水供给。现场设男女水冲式厕所四套，《厕所管理制度》、《卫生责任划分》上墙，设置通风良好的水冲式厕所，水冲式厕所地面、墙裙、蹲坑、小便槽贴瓷砖，蹲位之间设置隔板，隔板高度设置为 0.9m（见图 3-21）。

图 3-21　卫生间节水小便池

4）医疗保健室。生活区西侧设置医疗保健室，《保健室管理制度》、《卫生责任划分》、《医疗上岗证》上墙。医疗保健室设在生活区内，有保健医药箱，有合理的医治和急救措施，医疗保健人员经过培训合格，经常性开展卫生防病教育，进行人身急救演练。

（3）施工生产区文明施工部署：

1）进场材料根据施工进度计划按平面图所划分的区域组织进场、堆放，易燃、易爆、有毒材料专库存放。

2）建筑物内外的零放碎料和垃圾清运及时，施工区域和生活区域划分明确，并划分安全文明施工管理责任区，分片包干落实到人，并做好跟踪记录。

3）施工期间保持道路畅通、平坦、整洁，不乱堆乱放，无散落物；场地平整不积水，无散乱"五头"、"五底"及散物。

4）班组作业场地清，做到物尽其用。施工期间防止尘土飞物、污水外流、车辆沾带泥土，应有"一扫、二冲、三垫、四出场"措施。

5）材料堆放整齐（见图 3-22）、标志明确，砂石、钢筋等分类堆放。

图 3-22 材料堆放整齐标示明确

3.3 综合评价及建议

通过对工程项目开展调研工作，结合《建筑施工安全检查评分表》对该工程项目安全生产现状进行综合打分（见表 3-2）。

表 3-2 建筑施工安全检查评分汇总表

安全管理（10）	文明施工（15）	脚手架（10）	基坑工程（10）	模板支架（10）	高处作业（10）	施工用电（10）	物料提升机与施工升降机（10）	塔式起重机与起重吊装（10）	施工机具（5）
9	13	9	8	8	9	8	8	8	4

由表 3-2 可知，该工程项目安全生产现状良好，在对该工程项目绿色施工评比中该工程项目获得了住房城乡建设部"绿色施工科技示范工程验收证书"，其综合安全生产现状如下：

在安全生产管理方面：第一，该工程项目通过制定详细的安全生产检查制度，确定现场安全范围对全场安全管理做了具体的界定；第二，根据《建设工程安全生产费用管理规定》第二章第五条规定"房屋建筑工程、矿山（井巷）工程为 2.0%"进行安全生产费用提取；第三，该工程项目通过制定安全生产责任制及安全生产目标，明确合理的对现场人员组织结构及组内人员职责进行划分，保障施工现场各项生产活动井然有序；第四，适量生动的安全教育活动、恰当醒目的安全警示标志使得现场得以实现全员"0"伤害的目标；第五，该工程项目严格按照《施工企业安全生产管理机构设置及专职安全生产管理人员配备办法》(建质〔2008〕91 号文件）在建筑面积大于 5 万平方米的施工场地配备 3 个安全员，对员工进行三级安全教育。

在安全生产技术方面：第一，通过编制《车辆管理方案》严格限制机动车在施工场地时速（15km/h）；第二，认真贯彻执行《消防法》，在规定时间内进行消防演练，针对施工中存在的不安全因素进行预测和分析，找出危险点，为消除和控制危险隐患，从技术上采取措施加以防范，消除不安全因素，防止事故发生，确保工程项目安全施工。

在文明施工方面：第一，该工程项目严格按照《文明施工规范》执行，对于工地上可能造成的废弃固体液体垃圾污染、扬尘污染、水污染、噪声污染等严格按照要求执行，保证工地能够取得国家三星级绿色建筑认证、办公楼取得 LEED 金级绿色建筑认证；第二，在施工围挡建设中严格遵循规范（围挡高度 2.2m），保证施工行为尽量不影响外界环境；第三，淋浴房、盥洗处及厕所布局遵守规范（挡板间 $0.9m^2$），保证现场人员良好的生活洗漱环境。

在工程项目建设中运用四新技术 11 项，施工过程采用了自然通风、智能遮阳、墙体自保温、太阳能发电、土壤源热泵、水回收利用、光导、废弃物回收利用等 20 余项绿色建筑技术措施，绿色施工技术在国内处于领先水平。在工程项目实际实施过程中，该工程项目从职业健康安全环境管理目标、体系，安全生产费用投入（专款专用），安全技术措施，过程控制与实施，安全文明施工部署等方面进行全面的管理。工程项目整个运转过程中，真正实现了全员"0"伤害的目标，在建筑领域已成为一个标杆。

4　安全生产案例分析（二）

4.1　工程项目概况

该工程项目位于陕西省西安市，由 7 号、8 号、9 号、10 号、11 号楼和裙房及地下车库等单位工程组成，总建筑面积为 11.7 万平方米，其中 7 号、8 号、10 号楼为地下 1 层地上 33 层；9 号楼为地下 1 层地上 27 层局部 22 层；11 号楼为地下 1 层地上 33 层局部 24 层；地下车库均为地下 1 层。主楼建设面积 9.89 万平方米，车库及地下室建设面积 1.82 万平方米。建筑工程设计等级属于大型高层建筑，耐火等级为一级，抗震设防烈度为八度，结构类型为现浇钢筋混凝土剪力墙结构。

该工程项目高层主楼地基处理采用 CFG 桩，混凝土强度等级 C30，桩径 $D = 400mm$，桩长 17m；车库地基采用 CFG 桩处理，桩径 400mm，桩长 17m。车库为独立承台和条形外扩基础相结合，承台上部为止水板，厚 250mm，板底垫层 100mm 厚。

甲方要求：计划开工日期为 2013 年 3 月 1 日（垫层开始），竣工日期为 2015 年 1 月 1 日，总工期为 670 个日历天，要求该工程项目精心组织施工，达到高质量、高速度、高效益、低消耗，按时交付使用。

4.2　安全生产现状

4.2.1　安全生产管理现状

（1）安全生产管理制度：

1）安全验收制度。为了保证本工程顺利施工，保证本工程施工过程中所涉及安全措施、方案、材料能够在实施、使用前得到检查，消除隐患，特制定本制度。

①对方案落实的检查。由企业技术负责人对安全专项方案的编制是否齐全进行检查，及时提出补充意见，对方案交底是否完善进行检查，提出意见。

②安全总监所管理的安全部门对所有安全设施在使用前进行安全验收，对设计安全设施的材料，比如卡绳、钢丝绳、外架卸荷槽钢等材料，进场后材料部门必须会同安全部门进行检查验收，妥善收集齐全产品合格证。

③对项目部所使用机械，进场后投入使用前必须进行验收，保证机械的安全技术性能完好，符合国家标准要求，才准许投入使用。

④对外爬架、卸料平台、楼层临边防护、洞口防护实施严格的分层验收制度，不经过验收不得投入使用，发现有未经过验收使用的，按照奖罚制度执行。

⑤对所有部位验收必须形成文字记录，妥善保管。

⑥所有安全验收由项目部安全部门组织和落实，工长及材料、技术等部门进行配合。

2）火工品管理制度。爆炸物品购买、运输、储存、使用必须坚持"先审后用"的原则。爆炸物品的发领，必须坚持"受检在前、审批在后，实物领用"的原则。爆炸物品的使用，必须坚持"事前检查、事中控制、事后记录"的原则。爆炸物品的清退，必须坚持"有效控制、及时清退"的原则。

3）应急预案制度。对于项目的突发事故应立即组织现场工作人员撤离到安全地带；各项目部立即对施工现场进行全面检查，特别是对起重机械、深基坑、高大支模架、外脚手架的检查，不留任何死角；对现场由于塔吊引起的突发事故，现场安全人员应立即联系采购部门，要求其通知塔吊租赁公司到场并对起重机械及塔吊沉降、垂直度重新进行全面检查。

4）技术交底制度。施工前后项目、班组负责人对现场施工人员进行安全交底，对于危险项目做好安全防护措施技术交底，保证现场无安全事故发生。在安全交底中，通过对同类型工程近期发生安全事故或灾害分析，及时提出改进措施。

该工程项目具有施工面积较大，施工机械投入较多，多专业同期施工等特点，所以安全施工中防机械伤害、防高空坠落和坠物打击、脚手架的防护及各类临时支撑防护、洞口和临边防护量大、防触电、预防火灾、周边环境的安全防护等是该工程项目安全控制的重点。该工程项目的安全管理教育制度、处理和预防措施、应急预案以及各分项工程、各工种及其他安全生产技术交底都明确具体，如：塔吊运转半径内，有影响安全的架空高压输电线路时，必须采取专门措施予以遮护并示警；每日工作前必须对井架、外用电梯的行程开关、限位开关、紧急停止开关、驱动机械和制动器等进行空载检查，正常后方可使用，检查时必须有防坠落的措施；使用电动工具（手电钻、手电锯、圆盘锯）前对安全装置进行检查，查看装置运转情况，确保装置无故障、漏电保护措施等均符合《施工机械设备使用安全规定》，严格按操作规程作业；临时用电必须建立对现场的线路、设施的定期检查制度，并将检查、检验记录存档备查；对所有的配电箱等供电设备进行防护，防止雨水打湿引起漏电和人员触电。

应急预案在防汛、防火、防爆、防暑、卫生防御、劳资纠纷事件、突然停电等方面都有做出具体说明，并在该工程项目开工后分阶段进行应急预案演习，要求对突发事故期间通信系统能正常运作、人员能安全撤离、应急服务机构能及时参加事故抢救、能有效控制事故进一步扩大等环节进行检查，不断完善应急措施，提高应急反应能力。

（2）安全生产管理机构。根据该工程项目既定的各项施工管理目标，以务实创新、争创一流为精神，交付完美产品为要求，通过"三高"（即高目标、高起点、高要求）来实行对技术质量、安全、文明施工、资料的严格有序管理及对合同、成本、进度的有效控制，严格履行合同承诺，铸造精品工程、用户满意工程。

该工程项目的项目经理和项目副经理都采用岗位责任制，技术员、资料员、质量员、施工员、安全员、机管员等其他岗位责任都分工明确具体并都制定了相关的责任制度，项目副经理与技术负责人分管不同部门，各部门统筹管理各施工班组和各专业分包队伍。针对该工程项目实际特点，该工程项目拟采用"项目法"施工，"项目法"管理框架结构如图 4-1 所示。

（3）安全教育。施工进行前对各班组进行安全施工教育，保证"三级安全教育制度"

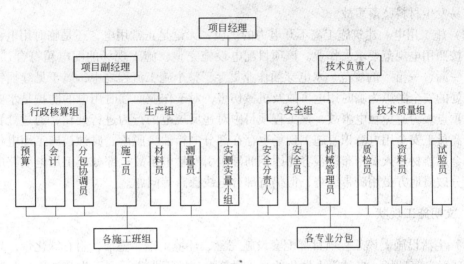

图 4-1　"项目法"管理框架图

能够真正落实到位。要求各工程项目现场安全管理人员对施工事故易发点提高重视，只有掌握并重视施工过程中的事故易发点，才能有效地管理和保证工人的安全，提高现场施工质量和效率。施工现场安全教育有班前教育、公司教育、项目部教育。在工程项目现场调研当天，现场安全技术负责人在每日安全教育时缺席。

（4）安全知识竞赛。施工现场每两个月组织安全知识竞赛，并公示获奖名单，对于安全知识竞赛中不合格者，重新进行"三级"安全教育并考核，考核合格后方能再次上岗，对于安全知识竞赛中得分较高班组进行奖励。安全知识竞赛不仅仅提高员工本身安全积极性和学习安全知识的热情，更能通过竞赛活动减轻项目上和工人的工作压力，从另一个方面提高工程项目的安全管理能力。部分施工班组对安全知识竞赛积极性不是很高。

（5）安全宣传。该项目施工现场对安全的宣传很到位，到处可见关于安全的宣传标语，横幅上还有每个人的签名，时刻提醒每一个现场工作人员注意现场安全。施工方定期地对员工进行安全教育，在新工种入场前，都会进行安全教育，要求现场安全员及时学习最新安全规范，保障现场施工符合规范要求，提高工程项目现场施工安全等级。部分施工人员对于安全宣传的认识只处于形式上，在实际操作过程中仍依照自己已有经验违规作业。

4.2.2　安全生产技术现状

（1）高处作业。高层施工防坠落，立体交叉施工防物体打击是施工的难点，特别是临近繁华街道和超市。该工程项目的安全平网设置严格按照规范进行，从技术上消除高空坠物隐患。在施工期间严格按照规范要求进行：在距地面 2～5m 施工时，地面半径 2m 范围内不允许有工作人员施工；在距地面 5～15m 施工时，地面半径 3m 范围内不允许有工作人员施工；距地面 15～30m 施工时，地面半径 4m 范围内不允许有工作人员施工；距地面 30m 以上施工时，地面半径 5m 范围内不允许有工作人员施工。高处作业实行交叉作业，不允许出现同一垂面直线上同时施工的情况。现场高空作业人员施工时没有穿戴安全带；在吊装机吊装时，下方未设置危险区域禁止靠近标志；现场吊装机吊装时，材料绑扎不牢固，容易发生材料坠落事故。

（2）施工用电。建筑施工离不开电力的供应，无论是正常用电，还是临时用电，都必须严格按照用电规范要求去作业。该项目配电设施完整，施工现场的配电箱符合"一机、一闸、一漏、一箱"的规范。水电穿插作业贯穿于整个施工流程之中，属于见缝插针式作业，此处的安全隐患为临时用电事故及机械伤害，对于作业面临时用电的防护是水电穿插工作的重点。为避免触电事故，该工程项目中对违反规范的行为进行处罚，通过处罚、再教育提高员工安全用电意识。施工现场也存在部分电箱油漆脱落、腐蚀；施工用电作业面钢管等金属器材及人员密布，很容易因钢筋导电引发触电事故；部分施工用电线路电线破损，部分破损地方虽用胶带缠绕，但仍有部分电线裸露等问题。

4.2.3　文明施工现状

（1）生活设施。该工程项目部配套设施完善，环境干净、整洁，附有绿化带，现场设置乒乓球案、篮球场、桌球等人性化的娱乐设施。建筑工人生活区卫生整洁干净，装配空调，让员工休息舒适（见图4-2），有助于保持良好的工作状态。在生活区，每个区域中都配有醒目的灭火器、安全标识，确保了建筑工人的人身安全。

（2）现场防火。施工现场实行人性化管理，在工地、生活区及工作区设有吸烟处，随意吸烟的现象很少，既满足现场施工文明、防火要求又不影响施工人员个人习惯。易燃易爆物品严格按照《易燃易爆物品临时存放管理规定》（标号）分类存放合理，并在显眼方便位置放置灭火器。生活区及工作区消防设施完善，通过现场安全检查表打分，消防管理整体打分在8分以上（十分制）。根据工程项目资料记载，项目平均一年举行两次常规的安全消防演练，并对演练中表现突出的个人和施工集体予以奖励，通过良好竞争机制提高现场人员的防火能力，并且在多次消防演练中也可以让管理人员针对在火灾事故中的具体情况快速的采取消防措施，尽可能减少事故发生后的准备时间，保证对突发事件的应变能力（见图4-3）。

图4-2　员工休息区　　　　　　　　　　　　　　图4-3　消防台

（3）物品管理。为避免重大安全事故的发生，制定了重大危险源管理制度，确保施工现场的施工安全，在发生施工事故时，有明确的处理方案。对存在安全隐患的地方做好了备案、预防措施，对负责相关工作的人员进行培训教育，做好预防准备。该施工现场材料分类明确，危险品和非危险品都有专门的堆放地点。危险品按照危险源来分类，并且分挂不同标志，方便识别。危险品仓库管理制度对材料使用、人员借用等都有明确规定，很好的规避风险的来源，从源头杜绝材料堆放带来的安全危险（见图4-4、图4-5）。然而，施工现场危险物品堆放仓库设置在主干路附近，经常有行人通过，若发生危险事故很容易引发大规模伤亡。

图4-4　重大危险源控制目标和管理措施标识　　　图4-5　危险品仓库独立且安全标识明确

4.3　综合评价及建议

通过对工程项目开展调研工作，结合《建筑施工安全检查评分表》对该工程项目安全生产现状进行综合打分（见表4-1）。

表4-1　建筑施工安全检查评分汇总表

安全管理（10）	文明施工（15）	脚手架（10）	基坑工程（10）	模板支架（10）	高处作业（10）	施工用电（10）	物料提升机与施工升降机（10）	塔式起重机与起重吊装（10）	施工机具（5）
7	12	6	6	6	7	6	7	7	3

由表4-1可知，该工程项目在建设过程中在安全生产技术和文明施工方面有较多措施值得学习和借鉴，如：在现场安全检查方面，全面的查看现场的施工作业；在危险源的管理和堆放有明确的制度，保证施工场地安全并由现场安全员和材料员联合管理；在安全教育宣传方面以提高员工自身的安全意识为核心思路，提高员工自身安全意识。但现场仍有不足之处，对于其中的问题提出一些改进措施：

（1）针对监督检查体系不完善，人员数量和素质与其所承担的任务不相适应，可以参考其他较好的工程项目的监督管理体系。

（2）对于出现新的安全问题，缺乏足够重视程度和应对能力，可以通过现场奖惩措施激励员工，比如根据隐患的影响程度不同对提出现场新型安全隐患的员工予以奖励。

（3）对于事故处理不够及时，一拖再拖，对于落实效果差的问题可以采取处罚措施，现场施工部门对已提出问题不能及时解决的，管理部门可以代为解决并向施工部门收取相应的施工费用、管理费用和利润。

（4）针对存在安全生产在资金投入方面不足的现象，应严格遵循国家规范实施，提高企业对现场安全文明施工的重视程度。

（5）积极学习和应用最新的建筑施工相关的标准，如该工程项目中关于建筑施工安全检查标准的施工组织设计为09版，而最新版本为11版，于2012年7月1日起实施。

（6）安全生产责任制度落实不到位，管理不规范，缺乏有效的安全运行机制，其中执行不到位等这些往往是发生事故的潜在因素，提高对这些事故潜在因素的警惕性，不能只是泛泛应付领导和有关部门的检查。

5 安全生产案例分析(三)

5.1 工程项目概况

该工程项目位于陕西省西安市，占地面积约 1.5 万平方米，地下一层，地上二十四层，总建筑面积 9.9 万平方米，总建筑高度 77.30m，地下室为框架结构，其余为剪力墙结构。地下室埋深 7.1m，首层层高 5.18m，标准层高 3m。该工程项目预计工期 898 天，造价 1.65 亿。

工程项目特点与难点：工地占地面积大，首层高度大，质量要求高（获得"雁塔杯"），安全、环境要求高（陕西省安全文明工地、陕西省绿色施工示范工地）。

5.2 安全生产现状

5.2.1 安全生产管理现状

该工程项目施工组织设计、专项施工方案、安全检查及安全教育等方面严格按照规范编制，尤其是在安全资料和安全检查制度方面严格把关。安全资料由资料员分类整理后统一存放，便于及时查阅；现场每月进行一次安全大检查，并在宣传栏中通报出现的问题，并附上相关的图片，做到有针对性的整改。具体情况如下：

（1）安全生产管理制度：

1）成立由项目经理为首，各施工管理人员、班组长组成的"安全生产领导小组"组织领导施工现场的安全生产管理工作。

2）项目经理部主要负责人与各施工负责人签订安全生产责任状，使安全生产工作责任到人，层层负责。

3）半月召开一次"安全生产领导小组"工作例会，总结前一阶段的安全生产情况，布置下一阶段的安全生产工作。

4）各分包施工单位在组织施工中，必须保证有本单位施工人员施工作业和本单位领导在现场值班，不得空岗、失控。

5）安全检查制度。建立完善的安全生产检查制度。由项目经理部每半月组织一次由各施工单位安全生产负责人参加的联合检查，对检查中发现的事故隐患问题和违章现象，开出"隐患问题通知单"。各施工单位在收到"隐患问题通知单"后，根据具体情况，定时间、定人、定措施予以解决，项目经理部有关部门负责监督落实问题解决情况。若发现重大安全隐患问题，检查组有权下达停工指令，待隐患问题排除，并经检查组批准后方可施工。

58

6）安全教育制度。该工程项目按要求对员工进行三级安全教育，并进行考核，考核合格后方可上岗工作，不合格者禁止上岗。项目部定期对现场施工人员进行安全考核，对不合格者要求重新进行三级安全教育，并再次考核。

7）技术交底制度。建立并坚决贯彻安全技术交底制度，要求各施工项目每天开工前对即将进行的工作进行安全技术交底，下班后对每日工作事项进行安全小结并提前安排第二天的工作，要求技术交底应有书面安全技术交底，必须有针对性，且须有交底人与被交底人签字。

（2）安全生产管理机构。项目经理：项目安全生产第一责任人，对整个工程项目的安全生产负责。项目副经理：具体负责安全生产计划和组织落实。项目技术负责人：负责主持整个项目的安全技术措施，大型机械设备的安装及拆卸，外脚手架的搭设及拆除，季节性安全施工措施的编制、审核和验收工作。项目安全总监：对项目部各管理人员进行安全交底。安全员：负责对分管的施工现场，对所属作业队的安全生产进行监督检查、督促整改的责任，对分管的施工场地重大问题记录并上报项目负责人。项目各专业工程师：是其工作区域安全生产的直接管理责任人，对其工作区域的安全生产负直接管理责任。但是，在具体施工过程中安全总监不隶属于项目部，有可能对项目经理下达的总体安排情况不是很了解，造成与工作计划脱轨的现象。其安全管理组织机构如图 5-1 所示。

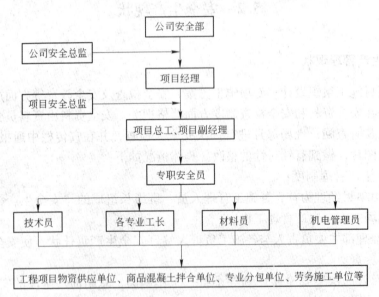

图 5-1　安全管理组织机构

（3）安全标志。项目经理部安全员结合施工现场或不同生产、生活、办公场所具体情况悬挂标志。安全标志按分部、分项（基础、主体、附属）工程绘制安全标志平面图，应有项目经理签字、绘制人签字、绘制日期，并填写《安全标志登记表》，安全标志牌设置在醒目和施工现场危险部位与安全警示相对应的地方，使施工人员及相关人员注意并了解其内容。遇有触电危险场所，使用绝缘材料的标志牌。设置的位置包括：施工入口处、施工起重机械、临时用电设施、脚手架、出入通道口、登高楼梯、电梯井口、孔洞口、桥梁口、基坑临边、爆破物、危险化学品存放处等。公司安技保卫部、基层单位安保部门应对项目经理部安全标志的使用情况进行监督检查，并填写检查记录。现场调研过程中发现部分安全标志没有及时更换，部分标志锈蚀。

5.2.2　安全生产技术现状

（1）高处作业。高处坠落事故的发生率最高、危险性极大，因此，减少和避免高处坠落事故的发生，是降低建筑业伤亡事故的关键。该工程项目按要求，将水平网沿建筑物四周设置，高层建筑进出口设置安全防护通道（见图5-2），防止高空坠物伤害；卸料平台依据规范设置防护栏杆，美观的同时也起到防坠落的作用（见图5-3）。

图5-2　安全防护通道　　　　　　　　　图5-3　卸料平台

该项目在"三宝、四口、五临边"方面的安全防护措施基本到位，在电梯口、楼梯通道、鱼篓洞口等地方都设有安全防护措施（见图5-4），对于边长大于250mm，小于1500mm的洞口采用钢筋和木板防护；1.5m×1.5m以上的洞口，四周设置两道护身栏杆，中间支挂水平安全网，并设有明显的标志。电梯口是层层防护，楼梯通道护栏贴有反光材料，遇光发亮。

图5-4　楼梯防护

但是，现场依然存在两个重大的安全隐患：一是楼面临边；二是安全带的使用。作业面的外架必须高于作业面 1.5m，在施工过程中没有按照规定执行；对于安全带的使用，没有按照规定要求"高挂低用，垂直使用"执行，存在发生高空坠落安全事故的隐患，无法确保现场施工人员安全。

（2）施工用电。项目部建立现场临时用电检查制度，按现场临时用电管理规定对现场的各种线路和设施进行定期检查和不定期抽查，并将检查、抽查记录存档。现场分电闸箱的内部设置符合有关规定，开关电器均标明用途，配电系统按标准采用"三相五线制"，部分非独立系统采取相应的接零或接地保护方式等。现场配电箱（见图 5-5）安装符合《配电箱安装方法及质量要求》，无破损、表面清洁。

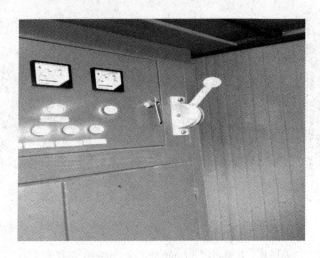

图 5-5　标准配电箱

不过，在具体施工过程中，现场施工人员在电路产生问题时，经常空手接电，很容易引发触电事故。

5.2.3　文明施工现状

（1）防尘措施。施工现场设置除尘设备，现场车辆出入都要进行除尘处理，清洗车轮，保证出场车辆干净卫生。在施工主干道采用石子路，防止车辆经过尘土飞扬。现场施工区域安全距离外设置临时绿化地带，并采用喷淋洒水，不仅能防止起风时工地扬尘和通过环境缓解现场施工人员的压力，更能根据西安当地干燥的气候，提高空气中的湿度。

（2）公开标牌。现场文明施工设施、安全设施齐全，设有专门的员工通道，在工作区、通道口、生活区均设有标识牌、警示牌、横幅、宣传栏等。

（3）现场防火。现场和生活区均放置了消防器材，现场按《防火、防爆管理制度》配备足够的消防器材，做到合理布局，且经常注意维修和保养。施工现场设置宽度不小于 3.5m 的消防车道，道路保持畅通无阻，以保证及时处理现场火灾事故。同时，现场消防设施能保证建筑物最高点的灭火需要，高压水泵及高层消火栓要随结构施工同时设置。

施工现场按《建设工程施工现场防火要求》，"在施工现场出入口旁边明显位置应设置 1~2 组的灭火器，每组不少于 4 瓶"，在临时建筑明显位置放置 2 组，既随手可取，又不影响现场正常生活（见图 5-6）。

工地考虑到施工人员吸烟问题，同时也防止未灭的烟头有可能引燃安全网或者楼内存放的模板等易燃材料，最终导致火灾事故的发生，从而专门设立吸烟点，实现现场人性化管理。

（4）材料管理。现场材料严格按照施工现场管理规范放置。钢管在地面上堆放整齐，原钢筋下边铺防水布，防止钢管腐蚀，保证施工现场材料质量（见图5-7）。

图5-6 办公区消防设施   图5-7 材料堆放

5.3 综合评价及建议

通过对工程项目开展调研工作，结合《建筑施工安全检查评分表》对该工程项目安全生产现状进行综合打分（见表5-1）。

表5-1 建筑施工安全检查评分汇总表

安全管理（10）	文明施工（15）	脚手架（10）	基坑工程（10）	模板支架（10）	高处作业（10）	施工用电（10）	物料提升机与施工升降机（10）	塔式起重机与起重吊装（10）	施工机具（5）
8	12	6	6	6	6	6	6	6	3

该工程项目安全生产现状在管理、技术、文明施工各方面均符合规范要求，现场整齐干净，管理得当，施工队伍工作有条不紊。施工单位还制定了内部图册，对宣传标志、施工电梯、卸料平台等的制作和搭设都有相应规定，一切都定型化，有利于施工现场的管理。纵观整个施工现场，虽然在一些细小的部分存有不足，但整体情况基本合格。首先，从外部防护到内部清理、从安全网的搭设到临时用电的搭接，整洁、干净、有序，都是符合标准甚至有些方面都高于标准；其次，在"三宝、四口、五临边"、吊篮作业工、高处坠落等安全管理方面严格按规范要求保证现场安全；再次，通过设立吸烟点实现施工现场人性化管理，临时用电、现场文明、消防安全等方面也实现了现场文明、绿色施工；最后，通过对生产材料严格管理，保证工程项目材料质量，从而保障工程质量。另外，有效的防尘措施保证场地干净湿润，有利于企业形象。

通过对现场的实际调查，该工程项目也有部分不足之处，比如：（1）现场的管理组织不健全，具体表现在现场作业人员，小部分工人有一定的施工经验，大部分工人没有经过正式安全技术培训，施工经验参差不齐，对于现场施工只能引用规范而不知道具体情况具体分析；（2）高空作业人员安全检查制度有欠缺，没有对现场高空作业人员具体情况进行真实的检查；（3）现场资料管理制度不健全，对施工资料的管理有待改进，在现场调研过程中发现施工资料杂乱，严重降低了查找资料效率。

在工程项目施工过程中需要不断的加强人员管理制度，提升现场施工人员和安全员的安全施工意识。比如，组织现场施工人员分批进行安全施工规范学习；对于从事危险职业的施工人员，应确保身体状况能够适应施工条件，合理的分配现场有限的人力资源，在此基础上提升工程项目资料管理制度，可以在一定程度上保障现场施工效率。

6 安全生产案例分析（四）

6.1 工程项目概况

该工程项目位于陕西省西安市，总建筑面积为 30835.03m²，其中地下 1 层建筑面积为 7912.8m²，地上 17 层建筑面积为 22922.25m²，总高 70.5m。建筑分为高层办公楼和地下车库兼六级人防，耐火等级为一级，抗震设防烈度为 8 度，工程项目预计总工期为 750 天。

该工程项目特点、难点：建筑整体采用框架剪力墙结构，确保"结构示范"省优工程"长安杯"，争创国优工程"鲁班奖"。

6.2 安全生产现状

6.2.1 安全生产管理现状

（1）安全生产管理制度。施工现场设有配电室，电线颜色分明，便于操作和修理，由专人看护，安全标志明显（见图 6-1），操作日志旁附有配电室管理制度。现场均采用三级配电箱，保证每个用电设备实现"一控制、一保护"，且地面绝缘处理措施良好。在配电室旁，设有灭火器材等消防设施，同时配电室窗户附有防尘网，保证配电室内环境良好，通过防鼠板、灭火器、应急灯等措施防范突发问题。建立并执行专人专机负责制，定期检查和维修保养并填写记录，只有专人佩带钥匙才可进入。现场设立预防触电事故及触电事故处理演习场所（见图 6-2）。

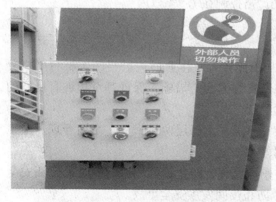

图 6-1 配电室安全提示

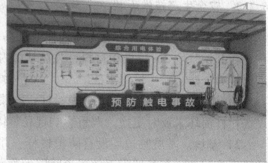

图 6-2 预防触电事故

（2）安全生产管理机构。安全生产管理项目组织结构图如图 6-3 所示。

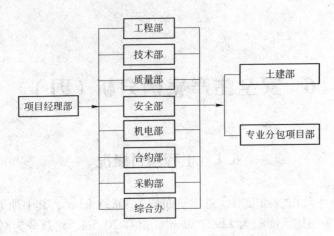

图 6-3　项目组织结构图

1）人员组织结构：

①采用项目经理部领导下的总承包管理模式，项目组织机构由总承包管理层与专业分包管理层组成，实行分级管理。总承包管理层包括项目领导班子和七部一室，全面承担计划、组织、协调、控制、监督等管理职能。

②项目领导班子：由项目经理、项目技术经理、项目生产经理、项目商务经理、项目机电经理组成。项目书记由项目班子兼任。

③七部一室为工程部、技术部（深化设计部）、质量部、安全部、机电部、合约部、采购部、综合办。

④专业分包管理层：由土建项目部和专业分包项目部组成，专业分包管理层在总承包项目部的指令下，对该工程项目的质量、进度、安全、文明施工进行直接的监督和管理，是项目部的执行层。

2）配备有 2 名专职安全员与相应的安全技术操作规程。

3）工程项目部承包合同中明确安全生产考核指标并制订了相应的安全资金使用计划。

4）设定安全生产管理目标："制定完善的安全管理制度，提高全员安全意识，采取有效安全防护措施，杜绝死亡和重伤事故，轻伤严格控制在 1.5% 以内"。

6.2.2　安全生产技术现状

（1）高处作业。施工现场高处作业的防护措施较好，作业面垃圾与施工材料严格分开。在开挖基坑 2m 外堆积材料，并在基坑内做良好的固定措施，保证基坑边坡有良好的承力能力，防止发生坍塌事故。

1）防护栏杆。建筑临边防护栏杆，刷漆完整美观，每层两排横杆，高度合理。施工现场栏杆损坏未及时更换，严重影响现场整体美观。

2）基坑。基坑临边均设有防护栏杆，并刷漆完整，防止护栏锈蚀，同时也保证安全防护设施到位。在基坑附近放置夜间警示牌，防止夜间发生安全事故。

3）通道口。现场安全通道安全措施良好，其长度大于 5m，设有各类醒目施工安全标语标识。防护棚采用双层保护方式，以防坠落物将其击穿。此外，通道采用废旧模板拼贴后搭设在钢管支撑上，使得通道平稳且易于打扫。

4）楼梯口。施工现场建筑地上高层楼梯必须设有防护栏杆，保证楼梯走道安全。

5）电梯井口。施工现场电梯井口防护设施形成鲜明对比，1~4层防护设施到位，整齐规范，美观大方，位置明显。

6）预留洞口。建筑主体预留洞口均有遮盖，防止踏空事件发生；施工场地上的预埋洞口用栅栏防护，防止踏空和杂物掉落。

7）加工棚防护。钢筋加工棚与木工加工车间顶棚均为双层防护棚，并在棚顶四周与工作区域设有安全标语、文明施工标语，配电箱均为三级配电箱，电线无乱拉乱挂等现象，加工构件摆放整齐有序，现场卫生环境良好。

8）安全网防护。在高层施工的过程中，防止高空坠物，每层都设有防护网，保证施工现场的安全。

（2）脚手架。施工建筑分主楼和副楼两部分，主楼层高为17层，副楼层高为3层。副楼采用落地式脚手架，主楼外部采用悬挑式脚手架完成施工。

1）落地式脚手架。副楼采用落地式脚手架，外围全剪、稳定性高，且均采用安全网密布。此外，利用废旧模板作为脚手架垫片，既增加架体的稳定性又对成形的水泥地面起到保护作用。

2）悬挑式脚手架。主楼外架采用悬挑式脚手架，每次搭设高度为楼层4层高，安全网密布，制定有专项施工方案且经过审核。悬挑钢梁与建筑锚固措施符合要求并在钢梁外端设置钢丝绳与上一层建筑结构拉结。脚手板采用竹筏板，自上而下分别为作业层、隔离层、底层，铺设基本符合要求与规范，但部分位置存在隐患。

3）满堂式脚手架。主楼内架采用满堂架，均为碗扣式脚手架。现场通过划分区域，指定专人负责该区域脚手架逐层的安装，以便于更好的组织管理。现场作业层脚手架搭设较合理。

（3）施工用电：

1）施工用电三级保护（见图6-4、图6-5）：

①施工用电采用TN-S供电系统，实现工作零线和保护零线分离，并实行三级配电二级保护（即在二、三级配电柜装设漏电保护装置）。在项目进行时实行三级用电、三级保护，用于高规范的标准来保障工地用电安全。现场用电均在满足三级用电二级保护

图6-4　配电室

图6-5　楼层配电箱

的前提下实现了一个用电设备用一个开关控制和一个漏电保护器，且做好地面绝缘处理措施。

②在项目用电过程中，严格的保证用电安全，楼层电线不裸露，楼面施工配电箱用安全栅栏保护，保证电箱安全正常的发挥功效。

③施工现场电线不允许出现线路杂乱、相互缠绕等情况。电线质量必须符合《施工现场临时用电安全技术规范》：架空电线、地面底线未出现有接头、接头外露的情况。

2）施工用电检查。项目部建立现场临时用电检查制度，按现场临时用电管理规定对现场的各种线路和设施进行定期检查和不定期抽查，并将检查、抽查记录存档。

3）安全用电准则。为了保证现场用电安全按《施工临时用电规范》做好用电的防护措施，对相关的人员进行安全用电的培训，对现场有安全用电隐患的地方进行提示，确保用电安全。

①施工现场内临时用电的施工和维修必须有经过培训后取得上岗证书的专业电工完成，电工的等级同工程的难易程度和技术复杂性相适应，初级电工不允许从事中、高级电工及以上的作业。

②组织员工进行触电应急方案演练，并建立触电事故预防体系。

③配电室未设防雷装置。

6.2.3 文明施工措施

（1）现场围挡。由于现场处于一般路段，按《建设施工现场管理规定》搭建围挡，高度为 2m。

（2）封闭管理。施工现场采取封闭管理，出入口设有项目"五牌一图"、项目预计效果图、项目鸟瞰图、门卫室、企业标识、洗车台，合理到位。

（3）施工场地。项目园区道路硬化较好，施工现场道路硬化符合《施工道路工程技术规范》要求。

（4）材料管理。现场材料构件堆放整齐，严格按照不同类别作用划分临时堆放区域。

（5）现场防火。施工现场消防措施一般，对管理人员进行消防培训与演练。

（6）生活设施：

1）生活区设施到位、合理，采用太阳能热水器供生活用水；厨房干净整洁，有餐具清洗处、择菜处、生案、熟案的划分。

2）在项目的临时绿化区域内种植蔬菜。通过种植蔬菜，既绿色健康又增加了绿化面积，缓解项目工作压力。

3）生活区垃圾采用可回收与不可回收垃圾桶对垃圾进行合理处理，施工作业区，定期清理垃圾并运出场外。

6.3 综合评价及建议

通过对工程项目开展调研工作，结合《建筑施工安全检查评分表》对该工程项目安全生产现状进行综合打分（见表 6-1）。

表6-1　建筑施工安全检查评分汇总表

安全管理（10）	文明施工（10）	脚手架（15）	基坑工程（10）	模板支架（10）	高处作业（10）	施工用电（10）	物料提升机与施工升降机（10）	塔式起重机与起吊装（10）	施工机具（5）
6	13	7	6	7	6	7	6	6	3

由表6-1可知，该工程项目整体施工属于合格水平，在安全施工和绿色施工方面有很多地方值得学习和借鉴。比如：

（1）现场制作的简易施工楼梯美观、整洁，护栏牢固且均刷油漆，利用废模板作为楼梯踏板，并设防滑条，实用经济，实现了现场绿色施工。

（2）1~4层电梯井口设有开启式金属安全门，方面施工操作，均涂刷油漆，与建筑结构采用刚性连接，且设有高度约20cm的挡脚板以防坠落，安全措施到位，严格执行规范标准，保证项目施工安全。

（3）钢筋加工区、木工加工区均做地面硬化，使得加工机械稳固放置，同时工作区域易于清理、扬尘少，能有效起到绝缘作用，以防漏电等事故的发生，将绿色施工与安全施工结合起来等。

当然，也有一些不足之处。首先，通过对工程项目整体的观察，在工程项目中造成人员伤亡最大的风险因素是工人安全意识不高，以及在机械设备操作过程中不按规范和《机械设备管理制度》进行而引起的。其次，施工现场用电无处不在，一般情况用电为大功率用电，而且用电一般都裸露在外，所以，为了保证现场用电安全一定要做好用电的防护措施，对相关的人员也要进行安全用电的培训，对现场有安全用电隐患的地方要进行提示，确保用电安全。再次，严格按照《临时施工用电安全管理制度》用电，保证现场的用电安全，提高对用电设施的保护，防止在用电过程中发生触电或者因溅水导致的用电设备损坏等问题。最后，在施工过程中要提高现场人员的安全意识，严格执行安全三级教育，从认识上加强员工的安全意识。

7　安全生产案例分析（五）

7.1　工程项目概况

该工程项目位于北京市内，由 6 个单项工程组成，分别为 1 号化学实验楼、2 号生物实验楼、3 号生物实验楼、4 号生物实验楼、5 号生物实验楼、6 号 a 座员工宿舍楼、6 号 b 座及 c 座科研教培中心，各个单项工程见表 7-1。

表 7-1　各单项工程概况

单项工程	建筑面积/m²	层　数	建筑总高度/m	结构类型
1 号化学实验楼	19929.20	地上 5/7 层，地下 1 层	36.00	框剪结构
2 号生物实验楼	16533.83	地上 5 层，地下 1 层	26.70/27.40	框剪结构
3 号生物实验楼	16028.80	地上 5 层，地下 1 层	26.70	框剪结构
4 号生物实验楼	15229.44	地上 5 层，地下 1 层	26.70/27.40	框剪结构
5 号生物实验楼	17190.45	地上 5 层，地下 1 层	26.70	框剪结构
6 号 a 座员工宿舍楼	31170.06	地上 7/6 层，地下 2 层	24.00/27.60	框剪结构
6 号 b、c 座科研教培中心	48137.72	地上 12/7 层，地下 2 层	48.00/29.90	框剪结构

7.2　安全生产现状

7.2.1　安全生产管理现状

（1）安全生产管理制度：

1）安全总监制度。该工程项目为房屋建筑工程，建筑面积为 16.42 万平方米，依据企业安全生产监督管理人员管理条例的相关规定，该工程项目建立了安全总监制度。

该工程项目的安全组织体系是由项目经理对施工现场的安全生产负全面领导责任，项目安全总监对项目负直接安全管理责任。因此，在安全管理方面安全总监的决策权大于项目经理。安全总监在项目经理忽视安全问题时有一票否决权，从而为工程项目的安全生产过程提供有力保障。

2）安全文明生产投入保障制度。该工程项目在安全文明生产费用管理上投入比例较大，4 万平方米共计投入 800 万元。项目在开工前编制安全生产费用的投入计划；工程项目按照投入计划进行物资采购和实物调拨，并建立项目安全用品采购和实物调拨台账，专款专用；定期检查安全生产费用投入计划和投入额度；对安全生产费用进行动态管理，一旦出现投入不足的情况立即调查整改。

3）安全生产监督检查制度。该工程项目为北京市文明工地，在安全生产监督检查方面做得十分到位，通过制定安全生产监督检查制度，及时发现施工现场的安全隐患，并对发现的问题及时整改。

（2）安全生产管理机构。该工程项目依据已定的各项施工质量、安全、工期目标，并结合以往施工经验，优化施工方案，统筹安排。该工程项目部对项目经理、项目副经理、技术员、资料员、质量员、施工员、安全员、机管员等岗位责任均分工明确。针对工程实际特点，该工程的各专业管理人员具体职责如图7-1所示。

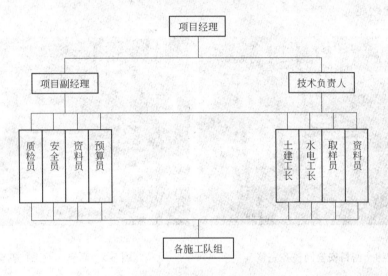

图7-1 现场组织机构图

（3）安全教育。安全生产宣传教育的相关措施属于对员工的行为方式产生重大影响的"软措施"。该工程项目通过在双层安全通道、施工现场门口等明显的地方张贴典型警示案例（见图7-2）、安全知识、常见隐患、安全法规和安全文明宣传标语，使员工从思想上认识到安全的重要性。同时，该工程项目的安全员每天饭后都会对员工进行简短的安全教育（见图7-3），每周一开展安全会议和安全讲座，有效增强了员工的安全意识。

图7-2 典型警示案例　　　　　　　图7-3 饭后安全教育

7.2.2　安全生产技术现状

（1）高处作业。该工程项目的高空作业防护措施基本到位，人员进场要求佩戴安全帽，否则拒绝其进入现场，并对进场员工未佩戴安全帽的处以相应的罚款。现场密目安全网配备完整（见图7-4），作业人员高空作业都系挂安全带（见图7-5），现场的洞口和临边防护都很到位（见图7-6）。同时，该工程项目由于地下层数较多，有深基坑施工作业，为防止事故的发生，基坑的围护运用了安全色（见图7-7），安全色采用红白相间，表示禁止通行、禁止跨越。

图7-4　密目安全网整齐完整

图7-5　高空作业系挂安全带

图7-6　基坑临边防护完整

图7-7　基坑防护安全色

（2）施工用电。该工程项目配电设施完整，施工现场的配电箱符合"一机、一闸、一漏、一箱"的规定，三级配电箱有专人负责并上锁。该工程项目的配电箱采用临时封闭配电室（见图7-8），避免作业人员因不小心触碰而引发触电事故。同时该工程项目采用彩旗保护电线（见图7-9），在暴露的电线上设置瓷瓶绝缘体并且在旁拉挂彩旗，有效地提高了电线可视性，避免人员因空中作业与电线搅在一起而引发的触电和火灾等事故的发生。

（3）安全新技术。该工程项目在施工过程中，绑扎柱钢筋时使用移动式预制脚手架

图 7-8　临时封闭配电室

图 7-9　彩旗保护电线措施

（见图 7-10），这种预制脚手架拆装方便，施工灵活，分层设计，在绑扎柱钢筋时可以直接将材料吊装到平台上。作业人员从脚手架旁边的爬梯爬上去进行作业，这种脚手架操作平台宽阔，在其上工作如履平地，安全性显著提高。该预制脚手架是施工单位自主创新的安全技术，目前正在申请专利。

　　现场采用型钢制作的卸料平台（见图 7-11），这种预制的卸料平台可以周转使用，有效地降低了成本，在提高作业效率的同时也消除了高处卸料时临时搭建平台存在的安全隐患。

图 7-10　移动式预制脚手架

图 7-11　预制型钢卸料平台

7.2.3　文明施工现状

　　（1）现场环境设施工具化。该工程项目由于场地不足，进行混凝土浇筑时会出现大型施工车辆进入场地不便的问题，工地在必要的路段采用工具化大门围墙，从而可以打开大门增大宽度以方便车辆进入。该大门是工具化拼装而成的，可以实现重复利用（见图 7-12）。同时，进入大门处的小桥流水设计（见图 7-13）、可循环再利用的喷泉设计以及办公区的布置（见图 7-14）、可拆卸安全宣传板（见图 7-15）和可移动门卫室（见图 7-16），均由施工现场废旧材料拼装成块做成。此做法既可做到废物利用，又能减小支出费用，并且很有企业文化寓意，传承了可持续利用的思想。尤其是该工程项目中的工具化旗杆（见图 7-17），其采用内部钢结构、外部模块拼装而成，相比于一般工地完工后即销毁的砌砖旗杆，这种工具化旗杆在时间和金钱上都是极大的节约。

图 7-12　可移动打开的工地围墙

图 7-13　小桥流水

图 7-14　可重复利用的地砖和喷泉

图 7-15　可拆卸安全宣传板

图 7-16　可移动门卫室

图 7-17　工具化旗杆

（2）现场防火。该工程项目消防措施较完善，在工地出入口和危险区内，设置了灭火器、消防水桶、砂箱、铁铲、火钩等消防工具（见图7-18）；安排维修人员定期对现场各部位灭火器进行检查，对气压不足或损坏的灭火器及时进行维修或更换。同时，工地现场严禁吸烟，设置有专门的吸烟室（见图7-19）。对易燃易爆物品、化学危险物品和可燃液体进行严格的管理。

图7-18　消防工具　　　　　　　　　　图7-19　吸烟专用室

（3）现场标准化管理。该工程项目设有门禁系统（见图7-20），任何人员进入现场都要打卡，如此可极大降低因外来和非本工程人员进入现场发生安全事故的可能性；现场配有专门的施工机具堆放间（见图7-21），避免了因材料堆放凌乱引发的安全事故；每个隐蔽工程验收处都挂有验收标牌。

图7-20　门禁系统　　　　　　　　　　图7-21　施工机具堆放间

7.3　综合评价及建议

通过对工程项目开展调研工作，结合《建筑施工安全检查评分表》对该工程项目安全生产现状进行综合打分（见表7-2）。

表 7-2   建筑施工安全检查评分汇总表

安全管理 (10)	文明施工 (15)	脚手架 (10)	基坑工程 (10)	模板支架 (10)	高处作业 (10)	施工用电 (10)	物料提升机与施工升降机 (10)	塔式起重机与起重吊装 (10)	施工机具 (5)
9	13	8	7	7	8	9	7	7	4

纵观整个施工现场，整体上属于优良水平，仅在细小的部分有些瑕疵。综上，对该工程项目提出以下几点建议：

（1）可以根据该工程项目自身特点采取奖惩规定，应做到奖罚分明，奖惩内容规定应细致，详细到每一个分部分项工程。对各项违章操作采取明确的惩罚措施，并将罚款所得最终用来作为安全管理奖励基金，尤其是对屡次违章、违反操作规程的单位和个人要从重处罚。项目部定期采用评分或投票的方法，对工人在施工安全上实行奖励制，对施工中不注意安全问题的工人采取处罚的方式，以增强其安全意识和积极性。

（2）该工程项目安全文明施工工作基本到位，但是其进度赶不上现场施工进度，如临边洞口的封闭不及时，施工现场并不是本层主体建好后马上进行封闭，往往是建设较高层主体时，其下洞口才进行封闭。基于此，应加强对安全文明施工的教育，加快安全文明施工的进度。

（3）施工现场可重复利用的设施实现工具化，需保证多次使用后该设施外观、质量安全上均应符合施工现场安全要求，并配备相应检测维修人员对其进行不定期检查与修缮。

8 安全生产案例分析(六)

8.1 工程项目概况

该工程项目位于广州市番禺区大石镇，总占地面积 38771m²，总建筑面积 127999m²，总投资 3.3 亿元，共建设 11 栋大楼，工程施工总造价 22779 万元，施工安全文明费用 1798 万元，占工程施工总造价的 7.9%。

8.2 安全生产现状

8.2.1 安全生产管理现状

（1）安全生产管理制度。该工程项目建立了以项目经理为第一责任人的各级管理人员安全生产责任制，并且按规定配备了 9 名专职安全员，但实际生产过程中生产责任制未落实到位，专职安全员未起到应有的监督管理作用，导致现场的安全防护、施工用电等措施不到位。项目部组织员工进行重大危险源辨识的学习，制定了防触电、防高处坠落、防物体打击等内容的专项应急救援预案，并定期组织员工进行应急救援演练。

（2）安全生产管理机构。其人员组织结构图如图 8-1 所示。在该工程项目的人员组织结构中，项目经理统筹全局，其下设总工和项目副经理各一名，负责安全部、工程部、材料部等各个部门，这些部门直接对各施工班组负责。其中，安全部主要负责检查现场的安全措施，加强施工人员的安全意识，对现场的安全隐患及安全问题及时汇报并责令整改。

（3）安全教育。该工程项目建立了较为完善的安全教育培训体系，所有工作人员进入

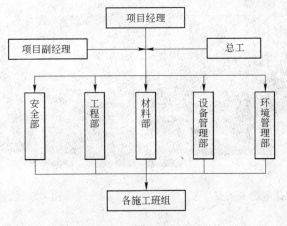

图 8-1 人员组织结构图

场前，都要进行三级安全教育培训。施工管理人员、专职安全员每季度都进行安全教育培训，每个月都进行安全教育考核，不合格的人员，要求其重新参加安全教育培训并对相应的部门处以罚款。当项目上采用新技术或者新工艺时，都会进行相应的安全教育培训。

（4）安全标志。该工程项目安全标志的设置基本到位，符合规范的要求。施工场地入口处及主要施工区域、危险部位均设置了相应的安全警示标志牌，并且在电源装置等危险源处都设置了危险警示标志（见图8-2、图8-3）。

图8-2　安全生产牌

图8-3　洞口警示牌

8.2.2　安全生产技术现状

（1）高处作业。该工程项目高处作业的安全防护措施不到位，不符合《建筑施工安全检查标准》（JGJ 59—2011）中的相关规定。在施工场地，工人在临边处绑扎钢筋时未系安全带，极易引起高处坠落事故（见图8-4）；脚手架与结构层之间未铺设木板，未做封闭处理，杂物落下会造成物体打击伤害，人员临边工作也有高处坠落的危险（见图8-5）；在浇筑混凝土阶段，该工程项目采用大模板合模作业，但在合模过程中临边的一侧未做封闭处理，存在物体或人员坠落的风险（见图8-6）。同时，预留洞口存在未做防护的现象（见图8-7），不符合规定。

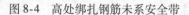
图8-4　高处绑扎钢筋未系安全带

图8-5　临边处未封闭

（2）脚手架。该工程项目中脚手架的钢管、扣件、安全网均符合要求（见图8-8），

图 8-6　大模板临边一侧未封闭

图 8-7　洞口未做防护

脚手架基础的搭设也符合规范，悬挑式脚手架全部采用工字钢做悬挑梁，虽然增加了项目成本，但保证了架体的稳定性和安全性。

另外，该工程项目的一大特色是脚手板没有采用传统的木竹板，而是采用了冲压钢这种轻型钢脚手板（见图 8-9）。这种脚手板截面形式合理，刚度好，承载能力强；同时，重量轻，操作方便，减轻了工人的劳动强度，提高了安全性，值得推广。

图 8-8　现场搭设的脚手架

图 8-9　轻型钢脚手板

（3）施工用电。该工程项目的施工用电安全措施不到位，安全问题十分突出。现场使用的电线随意拖拉，零乱混杂，应该架空的电线处既没有架空也不采取保护措施；配电箱随意引出线，从侧面或者箱门口进入箱体，不符合规范要求；部分电源开关箱未加锁，也无防雨措施，电线老化严重并断开（见图 8-10），未及时地检查更新；部分机械用电设备和配电箱未接地，电线浸泡在水中（见图 8-11）或者被物体碾压，存在漏电的风险，极易引起触电事故。

（4）基坑工程。该工程项目地基采用砂石垫层，上面铺设混凝土垫层。在具体施工中，由于混凝土运输车来回碾压砂石垫层，导致砂石垫层起伏不平，破损严重，并且未及时采取相应的补救措施（见图 8-12）。该工程项目基坑边坡采用喷锚支护，在掏孔过程中采用简易设备，不符合《建筑施工安全检查标准》(JGJ 59—2011) 中的相关规定，存在较大的安全隐患（见图 8-13）。

图 8-10　电线老化

图 8-11　电线浸入水中

图 8-12　砂石垫层起伏不平

图 8-13　喷锚支护掏孔

8.2.3　文明施工现状

（1）材料管理。该工程项目的材料管理杂乱无章，完全不符合规范要求。建筑材料未标明名称、规格，未整齐码放，如现场的 PVC 管随意乱堆（见图 8-14）、模板就地乱堆（见图 8-15），无人管理。另外，现场的材料未采取防火、除锈蚀、防雨等措施，严重影响材料的正常使用。

图 8-14　PVC 管随意堆放

图 8-15　模板就地乱堆

（2）施工场地。施工场地的主要道路未进行硬化处理，路面起伏不平（见图8-16），不符合规范要求。现场未设置排水设施，遇到降雨天气，排水不畅，多处形成积水（见图8-17）。再加上道路未做硬化，遇降雨更是泥泞不堪，严重影响施工安全和施工效率。

图 8-16　道路未做硬化处理　　　　　图 8-17　雨后场地内积水严重

（3）现场防火。该工程项目建立了完善的消防安全管理制度，并制定了相应的消防措施。施工场地明火作业，配备了动火监护人员；易燃、可燃材料的堆场，仓库，易燃废品集中站等处都设置了灭火器（见图8-18、图8-19）。现场配备相应的消防器材，并有专人定期进行检查与维护。

图 8-18　消防台　　　　　　　　　图 8-19　施工电梯处的灭火器

8.3　综合评价及建议

通过对工程项目开展调研工作，结合《建筑施工安全检查评分表》对该工程项目安全生产现状进行综合打分（见表8-1）。

表 8-1　建筑施工安全检查评分汇总表

安全管理（10）	文明施工（15）	脚手架（10）	基坑工程（10）	模板支架（10）	高处作业（10）	施工用电（10）	物料提升机与施工升降机（10）	塔式起重机与起重吊装（10）	施工机具（5）
7	7	7	6	6	4	5	6	6	3

由表8-1可以看出，该工程项目在脚手架工程和安全管理等方面做得基本到位，各项

措施基本符合规范要求，尤其是在脚手架工程中使用了轻型钢脚手板，提高了安全性和工作效率，值得肯定。但另一方面，该工程项目在高处作业、施工用电和基坑工程等方面的安全措施不到位，属于不合格水平；对于文明施工，材料管理和施工场地的相关措施不合格，不符合规范要求。

从整体上看，该工程项目的安全措施大多不到位，属于较差的水平。现对其中的问题提出一些改进措施：

（1）针对该工程项目高处作业防护措施不到位的情况，除了加强安全教育之外，项目上还应制定并落实相应的处罚措施。如员工未佩戴安全帽，罚款 500 元；高处作业未系安全带，罚款 800 元；对于洞口防护和临边防护措施不到位的情况，监理应责令施工单位整改，必要时可停工整改。

（2）对于施工用电，现场应安排专门的人员进行监督管理。对于现场电线杂乱的情况，发现后及时处理，不留安全隐患；对现场的电线线路定期进行检查，发现老化的线路及时更换。

（3）对于基坑工程中的问题，在最初制定施工方案时就应该做出具体的规定，严格按照规范中的要求执行。对于基坑支护，支护结构应严格按照设计要求来做，不能采用简易设备，并且要制定相应的应急预案，以应对突发状况。

（4）针对材料管理中的问题，要制定相应的材料管理制度，由专门的材料管理员负责现场的材料管理。现场的材料应码放整齐，并标明名称、规格等，对于施工场地中的问题，应严格按照规范中的规定执行，主要道路要进行硬化处理，路面应平整坚实，现场应设置排水设施，保障排水畅通无积水。

9 安全生产案例分析(七)

9.1 工程项目概况

该工程项目位于江苏省南京市，由7号、8号、9号、10号、11号楼和裙房及地下车库组成，总建筑面积为117095m²，其中楼7号、8号、10号为地下1层地上33层；9号楼为地下1层地上27层局部22层；11号楼为地下1层地上33层局部24层；地下车库均为地下1层。主楼建设面积9.8945万平方米，车库及地下室建设面积1.815万平方米。建筑工程设计等级属于大型高层建筑，耐火等级为一级。抗震设防烈度为8度，结构类型为现浇钢筋混凝土剪力墙结构。

9.2 安全生产现状

9.2.1 安全生产管理现状

（1）安全生产管理制度：

1）安全资料管理制度。该工程项目安全资料管理制度存在一些问题，现场资料基本齐全，内容不够真实，且部分资料存在抄袭的情况，不能完全适用于该工程项目；同时该工程项目安全资料与施工其他资料未分开管理，未能由专人进行整理保管。

2）安全奖惩制度。该工程项目未能实行严明的奖罚制度。安全奖惩制度内容不够细致，对各项违章操作未能进行明确的惩罚措施，奖励惩罚的力度不够大，同时未能明确罚款的用途，没有建立安全管理奖励基金。

（2）安全生产管理机构。其人员组织结构图如图9-1所示。项目经理是项目安全生产的第一责任人，对整个工程项目的安全生产负主要责任；项目副经理具体负责安全生产的计划和组织落实；项目技术负责人负责主持整个项目的安全技术措施，大型机械设备的安

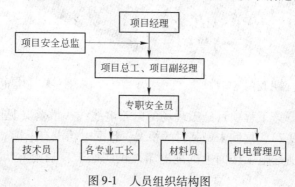

图9-1 人员组织结构图

装及拆卸，外脚手架的搭设及拆除，季节性安全施工措施的编制、审核和验收工作；项目安全总监对项目部各管理人员进行安全交底；安全员负责对分管的施工现场、对所属作业队的安全生产进行监督检查、督促整改的责任；项目各专业工程师是其工作区域安全生产的直接管理责任人，对其工作区域的安全生产负直接管理责任。

（3）安全检查。该工程项目的安全检查措施不到位。对井架、外用电梯的行程开关、限位开关、紧急停止开关、驱动机械和制动器等未做到在每日工作前进行空载检查；未在使用电动工具（手电钻、手电锯、圆盘锯）前检查安全装置是否完好，运转是否正常，有无漏电保护，也未严格按操作规程作业；临时用电虽建立了对现场线路、设施的定期检查制度，但未能对检查、检验记录存档备查，并且未能对配电箱等供电设备进行防护。

（4）应急预案。该工程项目未制定安全生产应急预案，同时没有准备相应的应急救援器材。在工程开工后，也未分阶段进行应急预案演练，未能对突发事故期间通信系统的运作、人员的安全撤离等环节进行检查。

9.2.2　安全生产技术现状

（1）高处作业。该工程项目的高空作业防护措施总体不到位，施工现场在施工作业部位的临边防护未达到规定要求，除1~3层外，其余楼层80%未做临边防护；多数电梯井层间防护不符合要求（见图9-2），且顶层电梯井无防护（见图9-3）；防护棚防护严重不合格（见图9-4），水平挑网数量虽多，但质量没有保证（见图9-5），且搭设不符合要求；作业面垃圾与施工材料靠近临边随意堆放，未做良好的固定措施。整个施工现场作业层均未做软防护，未设自上而下的密布安全网或坠落防护网，对于体积小密度大的物体坠落伤人无法起到有效保护。

图9-2　电梯井层间无防护　　　　　　　　图9-3　顶层电梯井无防护

（2）施工用电。该工程项目施工现场配电箱电线线头散落（见图9-6），引出的线大量拖地使用（见图9-7），层间未做临时的桥架，且配电箱没有上锁。室外的配电箱没有防雨防雷的设施，特别是施工楼面上的配电箱，长期处于日晒雨淋状态，存在极大的安全隐患。

图 9-4　防护棚不合格

图 9-5　水平挑网质量差

图 9-6　线头散落

图 9-7　电线拖地

（3）脚手架。该工程项目外脚手架采用悬挑式脚手架，悬挑工字钢的安装先预埋钢筋，再吊装工字钢。在楼面无任何防护的情况下搭设外脚手架，存在严重的安全隐患。里脚手架采用的是碗扣式脚手架，搭设基本合格，但部分地方横杆未插入（见图9-8），扣件未扣（见图9-9），悬挑架未塞入木方，这些地方都存在一定的安全隐患。

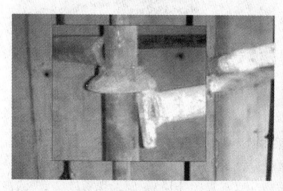

图 9-8　横杆未插入

图 9-9　脚手架扣件未扣

9.2.3 文明施工现状

（1）现场防火。该工程项目在堆放木料的地方设置有灭火器，预防易燃物起火（见图9-10）；主楼一层设有消防水箱，并通过管道与以上楼层连接（见图9-11）。但是，现场部分灭火器放置时间过久，存在气压不足或损坏的情况，且未安排维修人员定期对灭火器及时进行检查、维修或更换。同时，施工现场灭火器数量不足，仅1、2层有灭火器，其余楼层均未设置灭火器，尤其是作业层与使用明火的地方未设置，一旦引发火灾，后果不堪设想。

图9-10　木料旁设有灭火器

图9-11　消防管道

（2）材料管理。该工程项目场地内各种建筑材料、周转材料、构件、半成品未按品种、规格分别堆放整齐（见图9-12），各类材料及半成品也未有品名、产地、规格、数量及检验状态的标识。钢筋未堆放在相应指定地点，现场使用后的多余钢筋也未及时进行清理归堆。同时，水泥随意堆放，未码放整齐，其上无覆盖物，其地面也未设置防潮层（见图9-13），不能有效防止雨水与水泥产生反应。

图9-12　材料随意堆放

图9-13　水泥堆放不规范

（3）施工场地。该工程项目施工现场未采取封闭管理，施工人员进入施工现场均不佩戴工作卡；项目由于场地的限制，施工作业区、办公区、生活区未能均分隔开。作业区环境较差（见图9-14），垃圾没有及时清理且杂物乱放（见图9-15）。施工现场虽设置吸烟处，但现场管理人员、劳务人员仍均存在随意吸烟的情况。

图 9-14　作业区脏乱差　　　　　　　　　　图 9-15　杂物乱放

9.3　综合评价及建议

通过对工程项目开展调研工作，结合《建筑施工安全检查评分表》对该工程项目安全生产现状进行综合打分（见表 9-1）。

表 9-1　建筑施工安全检查评分汇总表

安全管理 （10）	文明施工 （15）	脚手架 （10）	基坑工程 （10）	模板支架 （10）	高处作业 （10）	施工用电 （10）	物料提升机与 施工升降机（10）	塔式起重机与 起重吊装（10）	施工机具 （5）
5	9	6	6	6	6	6	6	6	3

通过安全检查评分汇总表可以看出，安全管理方面做得不够到位，其中安全生产管理资料不够详细，安全教育较形式化，安全检查不能定期进行；安全技术方面属于勉强合格水平，其中临边防护棚严重不合格，配电箱长期处于日晒雨淋的状态，脚手架未布置扫地杆，扣件未扣；文明施工方面有些做得不够到位，其中施工现场虽有一定的防火灾安全标语，但灭火器仍然较少，形同虚设，且施工现场材料堆放杂乱。总体来看，该工程项目属于较差水平。

综合现场情况，对该工程项目提出以下几点建议：

（1）对于施工现场垃圾不能及时处理的问题，应该建议划分区域由专人负责，建立有效的奖罚机制，有效解决现场垃圾清理的问题。

（2）针对施工用电管理不善的问题，应对配电箱采取隔离措施，防止漏电、雨水渗漏。

（3）针对施工现场随意吸烟的问题，可分散设置吸烟处，以便于现场各人员吸烟时可就近吸烟，有效控制随处吸烟的现象。

10　安全生产案例分析（八）

10.1　工程项目概况

该工程项目位于海南省海口市，属于商用住房，总占地面积 112867.07m²，总建筑面积 84486.81m²。该工程项目的主体工程为框架剪力墙结构，地下 1 层，约 15500m²；地上 26 层，分为 4 栋独立主体，1 号、2 号楼 1、2 层为商业公建，3 层及以上为住宅，3、4 号楼为住宅用房。

10.2　安全生产现状

10.2.1　安全生产管理现状

（1）安全生产管理制度。该工程项目建立了完善的安全检查制度。安全检查由项目负责人组织，专职安全员及相关人员参加，定期进行并填写检查记录；对检查中发现的事故隐患及时下达隐患整改通知单，定人、定时间、定措施进行整改，安全检查措施整体落实比较到位。

在施工前编制了施工组织设计，对危险性较大的分部分项工程按规定编制了安全专项施工方案；对超过一定规模、危险性较大的分部分项工程，组织专家对专项施工方案进行了论证。同时，项目上建立了较为健全的安全生产责任制，对项目管理人员定期进行考核。

（2）安全生产管理机构。在该工程项目的人员组织结构中（见图 10-1），项目经理为

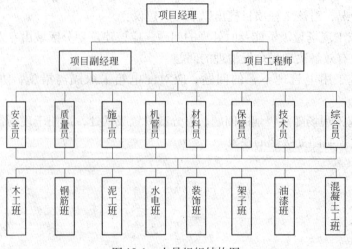

图 10-1　人员组织结构图

生产管理总负责人，项目副经理和项目工程师对项目经理直接负责；项目副经理和项目工程师向下负责安全员、质量员、施工员、技术员等人的生产管理活动；安全员、质量员、施工员等人负责各施工班组的具体生产活动，其中，安全员要及时地将施工过程中的安全问题进行汇报，并且对于现场的问题能够及时发现、及时整改。

（3）安全标志。该工程项目的安全标志设置基本到位，符合规范的要求。施工场地入口处及主要施工区域、危险部位均设置了相应的安全警示标志牌，如在楼梯板处设置了防滑标志牌（见图10-2）；在电源装置、机械的驱动装置、起重设备、可燃物等危险源处都设置了危险警示标志，如在电源装置旁边设置了防触电标志牌（见图10-3）；与此同时，项目上对于重大危险源专门设置了公示牌，提高工作人员的安全意识。

图10-2 防滑标志牌

图10-3 防触电标志牌

10.2.2 安全生产技术现状

（1）高处作业。该工程项目高处作业的防护措施基本到位，符合规范要求。现场的工人均正确佩戴安全帽，高处作业人员均按规定系挂安全带，在建工程外脚手架的外侧采用密目式安全网进行了封闭（见图10-4）；作业面临边处均设置了连续的临边防护措施（见图10-5）；在楼梯口、预留洞口等处均设置了完善的防护措施（见图10-6、图10-7），符合规范要求。

图10-4 密目式安全网

图10-5 临边防护

图 10-6　楼梯口临边防护完善　　　　　　　图 10-7　洞口防护完善

（2）施工用电。该工程项目的施工用电措施基本到位，符合规范要求。外电线路与在建工程及脚手架、起重机械的安全距离符合规范要求；用电线路设有短路、过载保护，并且电缆采用架空敷设，符合规范要求；施工场地配电系统采用三级配电、二级漏电保护系统，用电设备有各自专用的开关箱（见图 10-8）；总配电箱与开关箱安装了漏电保护器，并且箱体有门和锁（见图 10-9），防止发生触电事故。

图 10-8　开关箱　　　　　　　　　　　　图 10-9　配电箱

（3）机械设备。该工程项目采用塔式起重机，其相关的安全措施基本到位，符合规范要求。塔式起重机的固定、防雷和接地措施，全部严格按照规范执行；针对特殊气候条件，制定了应急锚固措施；塔式起重机保险及限位装置，每天班前查看其是否灵敏可靠，按规定定期进行保养和维修；塔吊操作司机经过专门培训，考试合格后持证上岗。

但是，现场也存在一些问题。塔吊线路架空敷设（见图 10-10），塔吊螺丝松动（见图 10-11），同时，塔吊吊篮、吊钩采用三级钢制作，不符合要求，存在安全隐患。

10.2.3　文明施工现状

（1）封闭管理。该工程项目封闭管理措施基本到位，符合规范要求。施工场地进出口

图 10-10　线路架空敷设

图 10-11　塔吊螺丝松动

设置了大门，有门卫值班室，并建立了门卫值守管理制度（见图 10-12）；施工人员进入施工场地必须佩戴工作卡；施工场地出入口标有企业名称和标识，并设置有雨喷洗车系统（见图 10-13）。

图 10-12　门卫系统

图 10-13　雨喷洗车系统

（2）材料管理。该工程项目的材料管理措施基本到位，符合规范要求。建筑材料、构件、料具等均按照总平面布局进行码放，材料码放整齐（见图 10-14），并且标明了名称、规格等；对于易燃易爆等危险物品分类储藏在专用库房内（见图 10-15），并且制定了相应

图 10-14　砌块堆放整齐

图 10-15　危险品的储藏

的防火措施。

（3）现场办公与生活设施。该工程项目的现场办公与生活设施基本到位，符合规范要求。该工程项目施工作业、材料存放区与办公、生活区分开（见图 10-16），并有相应的隔离措施；员工都设有专门的宿舍，居住在干净、整洁的生活区内（见图 10-17），并且设置了一些娱乐设施（见图 10-18），体现了以人为本的宗旨；同时，现场还设置了专门的饮水区域，保证现场人员卫生饮水（见图 10-19）。

图 10-16　现场办公区

图 10-17　员工生活区

图 10-18　娱乐设施

图 10-19　卫生饮水处

10.3　综合评价及建议

通过对工程项目开展调研工作，结合《建筑施工安全检查评分表》对该工程项目安全生产现状进行综合打分（见表 10-1）。

表 10-1　建筑施工安全检查评分汇总表

安全管理（10）	文明施工（15）	脚手架（10）	基坑工程（10）	模板支架（10）	高处作业（10）	施工用电（10）	物料提升机与施工升降机（10）	塔式起重机与起重吊装（10）	施工机具（5）
7	13	6	6	6	8	7	6	5	3

　　由表 10-1 可以看出，该工程项目各个方面的安全措施都基本到位，符合规范要求。在安全管理方面，该工程项目建立了较为完善的安全生产责任制和安全检查制度，安全标志的设置合理到位；在安全生产技术方面，该工程项目高处作业的防护措施非常到位，施工用电符合要求，不足之处是塔式起重机的安全措施不够到位，还应加强管理人员的安全意识，并提高检查频率，建立起相应的塔吊检查机制，将安全责任落实到具体个人，检查中一旦发现问题，要及时整改；在文明施工方面，该工程项目做得很到位，门卫系统规范严格，现场材料整齐，办公区、生活区干净整洁，氛围良好。经分析，该工程项目的各项安全措施基本到位，属于良好水平。

11   安全生产案例分析(九)

11.1   工程项目概况

该工程项目位于四川省成都市高新区,总占地面积 20646m²,总建筑面积 260000m²。项目将建成集国际标准超甲级写字楼、六星级豪华酒店、全精装涉外公寓、高端精品商业四位一体的国际级城市综合体。主体建筑中,写字楼高 200m,共 41 层,建筑面积 76700m²;六星级酒店,建筑面积 53300m²;全精装涉外公寓,建筑面积约 43400m²;5 层的高端精品商业,建筑面积 41500m²。

11.2   安全生产现状

11.2.1   安全生产管理现状

(1)安全生产管理制度。该工程项目的安全技术交底工作基本到位,符合规范要求。施工负责人在分派生产任务时,对相关管理人员、施工作业人员均进行书面安全技术交底;安全技术交底按施工工序、施工部位、施工栋号分部分项进行;结合施工场地的特点,对危险因素、施工方案、规范标准、操作规程和应急措施进行交底,并且由交底人、被交底人、专职安全员进行签字确认。

该工程项目严格执行持证上岗制度。项目经理、专职安全员和特种作业人员,均经行业主管部门考核合格,取得了相应的资格证书,持证上岗。

(2)安全生产管理机构。在该工程项目的人员组织结构中(见图 11-1),项目经理为

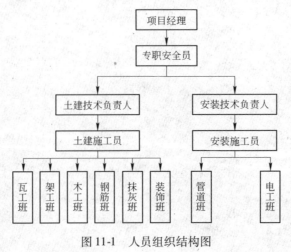

图 11-1   人员组织结构图

第一责任人，下设专职安全员，对土建技术负责人和安装技术负责人监督负责。由图可以看出，专职安全员的级别较高，便于其对现场的安全措施进行监督，发现问题及时上报并整改，从而加强了现场的安全措施。

（3）安全标志。该工程项目的安全标志设置基本到位，符合规范的要求。施工场地入口处及主要施工区域、危险部位均设置了相应的安全警示标志牌，如在安全通道入口处设置了安全警示标志（见图11-2）、电梯井口设置了安全警示标志（见图11-3）；同时，根据工程部位和现场设施的变化，调整安全标志牌设置。

图11-2 安全通道入口处的安全警示标志

图11-3 电梯井口的安全警示标志

11.2.2 安全生产技术现状

（1）高处作业。该工程项目高处作业的安全防护做的不到位，不符合相关规范的要求。在施工场地，存在工人不戴安全帽的现象，同时在高处作业时也未按要求系挂安全带。另一方面，在该工程的主体结构完成之后，现场的大多数洞口防护被二次结构施工人员拆除（见图11-4），且洞口未搭设临边防护（见图11-5）。

图11-4 洞口防护被拆除

图11-5 洞口无防护设施

（2）脚手架。该工程项目采用悬挑式脚手架，脚手架的钢管、扣件、安全网均符合规范要求（见图11-6、图11-7）。脚手架的搭设严格按照脚手架的搭设规范进行，并且项目部还编制了专项安全施工方案，安排专人对脚手架的重点部位每天进行一次检查，实时反馈脚手架的安全状态，确保脚手架的安全。

图 11-6　脚手架外部的安全网

图 11-7　脚手架的内部

11.2.3　文明施工现状

（1）材料管理。该工程项目的材料管理措施基本到位，符合规范要求。建筑材料、构件、料具等均按照总平面布局进行码放；对于乙炔、氧气等易燃易爆的危险物品，分类储藏在专用库房内（见图 11-8），并且制定了相应的防火措施；材料码放整齐，并且标明了名称、规格等（见图 11-9）。

图 11-8　现场乙炔、氧气集中堆放管理

图 11-9　钢筋整齐堆放

（2）现场防火。该工程项目的安全消防措施基本到位，符合规范要求。现场设置有消防通道、消防水源，并且灭火器安全可靠，配备合理；项目上每月进行一次消防演习，有一些消防器材的演示体验（见图 11-10），并演示消防用具的使用以及处理（见图 11-11），加强员工的消防安全意识。

图 11-10　灭火器演示体验

图 11-11　演习消防用具的使用

11.3 综合评价及建议

通过对工程项目开展调研工作，结合《建筑施工安全检查评分表》对该工程项目安全生产现状进行综合打分（见表 11-1）。

表 11-1　建筑施工安全检查评分汇总表

安全管理（10）	文明施工（15）	脚手架（10）	基坑工程（10）	模板支架（10）	高处作业（10）	施工用电（10）	物料提升机与施工升降机（10）	塔式起重机与起重吊装（10）	施工机具（5）
7	10	7	6	6	5	6	6	6	3

由表 11-1 可以看出，该工程项目各个方面的安全措施大多基本到位，符合规范要求。在安全管理方面，该工程项目的技术交底工作和持证上岗制度较为完善，安全标志的设置符合要求；在安全生产技术方面，该工程项目的脚手架做的基本到位，脚手架的扣件、安全网及其搭设均符合规范要求；在文明施工方面，该工程项目基本到位，现场材料整齐，防火措施到位，员工防火意识强。

但另一方面，该项目高处作业的防护措施做的较差，不符合规范要求。针对防护措施不到位的情况，项目上应以强化安全教育为主，同时加强奖惩制度的落实，比如可每周开一次安全评议会，对之前一周内现场做得好的现象和做得差的现象分别进行奖惩，激励员工将安全措施落实到位。

综合以上情况，该工程项目的各项安全措施基本到位，属于合格水平。

12　安全生产案例分析(十)

12.1　工程项目概况

该工程项目位于新疆维吾尔自治区,为一般公共建筑,地上 17 层、地下 1 层,建筑物总高度为 80.6m,建筑面积 27804.21m²。轴线纵向为 78.6m,横向为 50.3m,建筑物整体呈长方形。地上建筑耐火等级为一级,地下室耐火等级为一级。建筑防水等级:屋面为 I 级防水,耐久年限 15 年。结构类型:框架剪力墙结构。

该工程项目地处北方地区,后期进入冬季,昼夜温差较大,需要制定详细的冬季施工方案。施工时各工序交叉作业应严格制定施工方案,控制好作业时间和工作面,合理利用施工机械。施工现场水源以及电源,均可满足工程施工要求,且距居民区较远,交通便利,施工车辆进出方便。

12.2　安全生产现状

12.2.1　安全生产管理现状

(1) 安全生产管理制度。该工程项目部为认真贯彻落实安全生产责任制,考核各部门及管理人员能否按照本部门或自身岗位职责认真执行,特制定考核办法如下:

1) 建立安全生产责任制考核领导小组。

2) 对各部门及管理人员的安全生产责任制实行季度考核。

3) 考核期间,加强考核的透明度,征求各施工班组及职工的意见,对各级管理人员实行群众监督。

4) 本考核采用打分制度,其中满分 10 分,6 分以下为考核不合格。

5) 对各部门及管理人员考核中发现没执行或没落实的条款,根据情节轻重处以 50～200 元的罚款。

(2) 安全生产管理机构。其人员组织结构图如图 12-1 所示。由项目人员组织机构可知,项目经理直接领导技术负责人,技术负责人领导现场各施工管理人员。可以看出现场安全管理机构设置并不突出,只有安全员一职,且安全员的权利作用与施工员、质量员平行,对于安全管理工作的直接过问权也不突出,相较于国内安全生产水平较高的企业,该工程项目未能通过一票否决制等措施保证安全管理机构强有力的话语权。

(3) 安全教育。该工程项目全体员工和作业人员必须参加定期或不定期安全生产教育培训。安全专业管理人员每年参加省、市安全培训学习一次,学习时间不少于 32 学时;其他管理人员和技术人员每年参加省、市安全培训学习一次,学习时间不少于 20 学时;

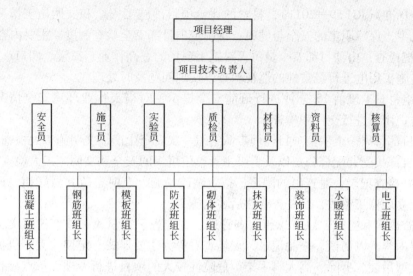

图 12-1　人员组织结构图

工人的安全知识、安全技能训练学习每人不少于 20 学时，对全体工人要进行经常性的安全生产和法律教育。此外，全体人员坚持班前活动，时间不少于 15min，并认真做好班前安全活动记录（每周不得少于两次），培训时间按照培训计划安排进行（见图 12-2）。

图 12-2　安全教育

每周一对全体员工要进行安全思想教育、劳动保护方针政策教育、安全技术知识教育、安全职责教育、安全操作规程教育、典型经验和事故教训教育。把安全知识学习和安全知识竞赛、考试结合起来，经理部根据各作业队的具体情况，分阶段、分层次进行安全知识竞赛或在一定范围内进行安全知识问卷考试，对考试成绩好的员工要进行表扬或奖励。

安全部门负责列出安全教育培训计划，进行培训教材和师资准备，并监督实施。凡是经教育培训考试不合格的人员需参加第二次学习（学习时间误工费和学费自理），如果二次不合格，将调离或辞退。

（4）安全检查。该工程项目为贯彻"安全第一，预防为主"的方针，依据《建筑施

98

工安全检查标准》（JGJ 59—2011），科学的评价项目部施工安全和文明施工情况，预防死亡事故的发生，保障职工的安全与健康，特制定项目部安全检查制度。主要内容如下：

1）巡视检查：由项目部安全员每天对施工现场的登高作业、三宝、四口、临边防护、机械安全、施工用电进行经常性的巡视检查，发现问题及时处理。

2）班组每日上班前 15 分钟进行班前安全提示，对当天作业环境安全情况、注意事项、安全防护用品进行交代和检查。

3）项目部每周一上午由项目经理带队组织一次安全生产、文明施工大检查。

4）项目部接受并配合公司以及上级主管单位组织的安全和文明施工大检查。

5）做好检查记录，对查出的隐患，拟定整改措施，及时整改并做好相关记录；对重大隐患，应立即停工整改，经复查合格后才能施工。

6）检查内容和方式：以查思想、查管理、查隐患、查整改、查责任落实、查事故处理等为主要内容，以访谈、查阅记录、现场查看等为主要形式。定期对大型机械设备、高大模板、大型吊装、拆除、高大脚手架等危险性较大的项目进行专项、重点检查，并对起重机械安装拆除工程进行动态监督（见图 12-3）。

图 12-3　安全检查

12.2.2　安全生产技术现状

（1）基坑工程。基坑开挖过程中，边坡坡度控制不好，会导致工作面不够、边坡太陡造成滑坡等事故。该工程项目采取以下措施进行控制：

1）准确定位基坑上口线：根据定位轴线，结合图纸位置关系确定基坑开挖上口边线，并在基坑开挖前撒灰线标记。

2）确定边坡水平距离：根据基坑深度、放坡系数（深度：宽度）计算坡底至坡顶的水平距离 L。

3）确定坡底位置：基坑开挖时在基坑上口，将塔尺水平放置，从上口线量出（边坡水平）距离 L；塔尺一端水平搁置在开挖上口线处，另一端绑线绳吊线坠，并将塔尺垂直于基坑开挖上口线水平搁置，线坠所指之处为基坑坡底位置。

4）确定坡底位置后，结合上口开挖线，指挥机械将边坡修整顺直（见图 12-4、图 12-5）。

图 12-4 基坑混凝土浇筑

图 12-5 基坑临边防护

（2）施工机具。该工程项目塔吊的行程限位装置、保护装置等基本符合规定要求，一般工程项目应该保证基础与导轨良好，但是该工程项目塔吊底部未作完全封闭处理。外围卸料平台（见图 12-6）尚未达到定型化的标准，仍然采用现场制作的方式（见图12-7），且其垂直高度未能达到足够的防护高度。现场发现材料堆积在卸料平台上，未能及时的清运调离，存在一定的安全隐患。

图 12-6 卸料平台

图 12-7 卸料平台现场制作

（3）施工用电。该工程项目现场用电采用 TN-S 接零保护系统、三级配电系统以及二级漏电保护系统，配电设施完整，连接线路不存在乱拉乱用的现象。现场对特种设备的安全管理做到专人负责，每一特种设备都挂设有本设备的安全操作规程、工人职责、安全负责人姓名、准用证等相关信息，严格要求操作人员持证上岗，保证安全责任落实到个人，使得特种设备的安全管理制度得以良好落实。

该工程项目总配电箱设置符合要求（见图 12-8），通过搭建蓝板间对配电箱进行防护。房屋底部砌有台阶可以有效避免雨水或者积水的渗漏，顶部封闭防止雨雪进入及太阳暴晒，房间侧边开有排风口散气。配电室（见图 12-9）采用砌筑结构，为配电线路提供密闭稳定的空间，且具有良好的绝缘性，此施工用电防护措施值得学习借鉴。

（4）高处作业。该工程项目施工现场四口及高处作业临边依据规定均设有防护设施，

图 12-8　总配电箱

图 12-9　配电室

如：电梯井口设置高度为 1.5m 的开启式金属防护门（见图 12-10），较好实现防护设施定型化、工具化，并在防护门底部设有高度为 200mm、刷有黑黄相间的油漆的挡脚板，防止人员或物品从电梯井坠落。

该工程项目基坑开挖深度超过 2m，搭设有基坑临边防护栏杆，基坑临边防护栏杆采用钢管搭设，设有上下两道水平杆，立杆间距设为 1.5m，并在水平杆与立杆节点处设有斜支撑。防护栏杆均刷有间距为 400mm 红白相间的警示油漆，且在靠基坑侧满挂密目安全网（见图 12-11）进行封闭。

图 12-10　电梯间防护

图 12-11　安全网防护

12.2.3　文明施工现状

文明施工是安全生产的重要组成部分，也是现代化施工的重要标志。文明施工面广、范围大，对加强现场管理，确保安全生产，提高企业效益，增强企业社会知名度起到积极的推动作用。

（1）封闭管理。该工程项目施工现场进出口设有标志性大门（见图 12-12），门头设置企业标志，场内悬挂企业标志旗，大门处设有门卫值班室，值班人员必须佩戴执勤标志；大门外道路硬化处理且干净整洁，并规定施工范围外不准堆放任何材料、机械，以免影响秩序，污染市容，损坏行道树和绿化设施。

（2）材料管理。该工程项目施工现场场容规范化，现场的材料、半成品、成品、器具和设备，均按照已审批过的总平面图中指定位置进行堆放。各种物料摆放整齐，所有的建筑材料、预制构件、施工工具等均分类堆放，且整齐稳固（见图12-13）。

图12-12　封闭管理标志性大门　　　　　　　图12-13　材料堆放整齐

（3）施工场地。施工现场主要道路及施工场地地面均做硬化处理，现场道路宽阔通畅，方便施工车辆进出。项目上的办公室、宿舍均为租用房，办公室内办公桌、椅、资料布置有条理，宿舍衣物及生活用品放置要整齐有序，工地生活区域有绿化花草（见图12-14），并设置专用垃圾桶收集垃圾（见图12-15）。

图12-14　绿化区　　　　　　　　　　　　　图12-15　垃圾桶

（4）现场防火。该工程项目所设消防设施与施工现场安全生产、易燃物品贮存及运输等活动不匹配。在露天生产场地、仓库、装卸站台等场所均未设置灭火器及相应的消防设施，例如主体的基础施工时，铺贴防水卷材阶段，整个基坑内部布满易燃的防水卷材（见图12-16），且基坑内部存有大量液化气，而现场的消防措施十分有限，存在严重的防火隐患。

消防器材应固定在取用方便地点，由安全管理部门负责更换和补充，但该工程项目的消防器材放在办公区临侧花园的内部，其位置过于隐蔽（见图12-17），在火灾类事故突发情况下不利于工作人员及时取出完成应急救援。

图 12-16   防水卷材现场   图 12-17   消防器材隐蔽

12.3   综合评价及建议

通过对该工程项目施工现场的安全生产情况调研汇总，基于安全检查表进行严格的打分评定，得分情况见表12-1。

表 12-1   建筑施工安全检查评分汇总表

安全管理（10）	文明施工（15）	脚手架（10）	基坑工程（10）	模板支架（10）	高处作业（10）	施工用电（10）	物料提升机与施工升降机（10）	塔式起重机与起重吊装（10）	施工机具（5）
8	9	8	7	6	7	7	6	6	3

该工程项目的安全管理资料比较完整、全面，施工用电的防护措施较为突出，大大减小了触电事故发生的风险，在文明施工、临边防护、脚手架、基坑工程等方面安全生产状况基本合格。该工程项目的临边防护工作做的具有特色，严格按照规定实施，但是也存在一些问题，比如不能及时对临边洞口进行防护，项目部可以通过加大检查力度、增加检查的次数来避免这种情况的发生。

另外，对于新疆地区，进入冬季后气温的变化给施工质量安全带来较多的不确定因素，易突发质量安全事故。冬季10月份到来年2月份，当气温过低时无法进行正常的施工，为强化冬期建筑施工质量安全管理，消除各类事故隐患，新疆维吾尔自治区建筑工程在冬季来临时将全部停止施工，而其中停工前后及复工后的安全隐患及相应措施尤为重要，现给予以下建议：

（1）停工期间不得冒险从事各类危险作业，停工期间所有起重机械和设备都要安全停靠，如塔吊吊钩要升到上限位处，塔臂顺风向停靠，配电箱要停电上锁，并统一对工地仓库、配电箱等重要部位张贴封条，防止因大风或恶劣气候造成的任何意外事故。

（2）施工单位要加强安全保卫工作，除值班、保卫人员外，其他人员一律不得在施工现场滞留，防止非工作人员误入施工区域，防范物体打击、高处坠落等类型事故。

（3）现场的消防工作是重点，应严防火灾和现场人员煤气中毒事件的发生。

（4）复工之前检查各电源体、机械设施、脚手架、高支模等可能存在危险因素的部位。

第3篇

土木工程安全事故案例分析

13 洞口临边高处坠落事故案例分析

13.1 事故概况

13.1.1 事故过程

2012年4月某日上午，某工程项目作业工人台某按某劳务公司的例行安排，进行5号楼室内植筋作业。10时30分，当台某行至6层西北侧D户型进行作业时，发现手持电锤因电源线长度不够无法进行施工。台某见对面仅相邻一道采光井的F户型的南墙防护栏杆上，斜拉着一个电源插座。台某企图翻越D户型北墙防护栏杆，跨越采光井私接电源。台某翻越栏杆跨越采光井时一手拉扯电缆，一手紧握电锤，因电缆长度有限，不慎失稳从6层坠落至1层采光井地面。11时许，安全员蒙某巡查至6层时，发现有人私接电缆线，寻迹下楼到1层采光井时发现台某趴在地上，气息微弱。随即蒙某呼叫项目管理人员，并向项目经理、现场主管进行汇报并拨打120急救电话，但最终台某因伤势严重，抢救无效死亡。

13.1.2 事故特征

该起事故造成1人死亡，根据《生产安全事故报告和调查处理条例》可判为一般事故。针对该事故，现场作业的环境较差，仅有1名工人进行植筋作业，高空作业人员的防护措施不到位。事故发生后，现场未做出及时应对措施，尤其是事故发生时无报警系统，受伤人员被发现时已耗时过多，医护不及时，最终抢救无效导致死亡。事故数据统计见表13-1和表13-2。

表13-1 事故基本特征数据统计表

天气	多云转阴雨	企业资质	建筑工程1级	作业环境	阴暗湿冷	发生位置	6层采光井
时间	10时35分	安全员人数	2	相关机械设备	电锤	伤亡人数	1
防护措施	作业人员戴安全帽、预留洞口未遮盖、安全警示标志数量不够						
应急措施	1. 坠落30min后拨打120急救电话，送往医院救治 2. 向项目经理、现场主管汇报				应急效率		不及时

表 13-2 事故伤亡特征数据统计表

伤亡人员 台某	年龄	52	工种	钢筋工	受教育程度	初中	伤害方式	坠落
	性别	男	来历	农村	伤害部位	头部	伤害性质	冲击
	伤害分类	死亡	致害物	重力运动伤害	伤害救治	未及时治疗导致死亡		
	起因物	高空作业未系安全带			不安全行为	① 私自翻越栏杆拉设电源；② 跨越采光井时未系安全带		

13.2 事故致因分析

13.2.1 致因理论分析

本次事故的发生是一连串的事件按一定因果关系依次发生的结果，降低本次事故发生的可能性及减少事故发生产生的伤害和损失的关键，是要破坏或阻止事件因果关系的发展。对该事故应用事故因果连锁理论，分别从物的不安全状态和人的不安全行为进行分析。

（1）遗传及社会环境。人的安全知识、安全意识、安全习惯是与遗传和社会环境息息相关的。本起事故中，受害人所处环境使其年轻时得不到高水平教育，自身学历为初中水平。在工作后，劳务队安全作风差，管理人员安全意识不强，导致受伤者难以养成正确的安全素质、安全理念，在危险源逼近时，无法做出有效的规避措施。

（2）人的缺点。本起事故中，由于受害人台某所在劳务公司不重视对员工的安全教育与再培训以及其年轻时所受的教育程度不高，导致了台某安全知识不足，安全意识欠缺，安全习惯不佳。

（3）物的不安全状态与人的不安全行为：

1）作业用的电锤电源线长度不足。电锤的电源线长度不足对于高空作业人员是一种危险的警示，据现场的勘察，对于安全意识薄弱的台某而言，采光井的宽度在人的跨度范围内是一种危险的表象，使他认为跨越采光井是相对比较安全的行为，完全忽略了意外发生会产生的后果。

2）斜拉的电源插座。采光井对面的电源插座严重违反了《施工现场临时用电安全技术规范》（JGJ 46—2005）中的规定，是事故发生的主要诱导因素，是本事故中最严重的物的不安全状态。

3）台某在高空植筋作业时未佩戴安全带及其他安全防护设施。

4）台某私自翻越防护栏，私接电源线。

（4）事故及损失。由于前三块骨牌的连锁反应，造成了本次高处坠落事故的发生，造成了受害人台某的死亡。

结合事故分析，台某当时所处的作业环境较复杂，作业任务因为电锤电源线的不足而发生变化，这种状况下造成的信息量激增大于台某自身所能接受以及处理信息的能力。此时，台某错误的主观选择判断有可能导致潜在危险的发生。台某为图一时之便，有私接电源的想法，直接反映了台某对危险源信息的识别和处理思考的不周，没有意识到事情的严重性。在错误判断的影响下，他翻越 D 户型北墙防护栏杆跨越采光井私接电源线，最终这一系列的不安全行为引起了潜在危险的发生。在排列的五块多米诺骨牌中，如果前面任意一块骨牌倒下，就会发生连锁反应，使后面的骨牌相继被碰倒（见图13-1）。

图 13-1 事故因果连锁理论关系图

事故因果连锁理论的积极意义在于，移去事故因果连锁中的任意一块骨牌，连锁反应遭到破坏，在事故过程中止的同时可以避免伤亡的发生。本事故中，如果能够增强台某的安全意识或者及时制止台某的不安全行为，就会从第二块和第三块骨牌分别中止事故过程，避免伤亡的发生。

但在以上的分析中忽略了以下情况：（1）对事故致因连锁关系的描述过于简单化和绝对化。事实上，各个骨牌（因素）之间的连锁关系受到多种现实因素的共同影响，具有复杂性和随机性的特点。我们可以假设，在台某因为环境变化有了错误判断之后，可能由于一些现场作业中别的原因，比如采光井距离过宽、两户型之间设有障碍不能通过等，没有进行不安全的行为，也就不会引起事故的发生；或者在他返回过程中没有出现意外，就没有坠落事故的发生。（2）把物的不安全状态和人的不安全行为的产生原因归因于人的缺点，忽略了作业现场管理缺陷对事故及伤害发生的影响。如果能够在现场施工的管理工作中建立并切实执行符合实际情况的安全监管制度，例如加强作业人员的岗前安全教育培训或者作业现场的安全巡视以及安全检查，就可以避免事故的发生。

把管理因素考虑在事故因果连锁理论内，从管理不完善的角度描述本次事故，如图13-2 所示。

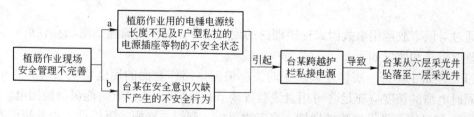

图 13-2 管理不完善导致的事故发展轨迹图

a—作业器具不合理及电气工人违规乱接电源插座；b—工人岗前安全教育不到位及现场巡查监管力度不足

13.2.2　直接原因

（1）作业人员台某在植筋作业时，发现电锤电源线不足，独自翻过护栏、跨越采光井进入危险区域，在违反安全管理的情况下私拉电缆电源，返回跨越采光井时，手持电源线不足的电锤，未系安全带等一系列不安全行为是导致本事故发生的最主要原因。

（2）电锤电源线长度不够，引发工人进行不规范作业，导致后序一连串不安全问题发生，属于用具设计不周，这是本事故发生的诱导原因。

（3）布置有误的电源插座，属于不安全状态，是使台某跨过采光井私拉电缆的主要诱导因素。

（4）施工现场采光井处未设置防护设施，无法对台某从高处不慎坠落起到缓冲防护的作用，失去了对高处坠落情况的保障。

（5）事故发生当天，属于阴雨天气，空气湿冷，作业工人台某在此环境下作业存在视线不清，精神状态不佳等不安全状态。

13.2.3　间接原因

（1）施工现场安全防护设施不到位，这说明安全管理力度不够，安全资金投入不足，致使施工现场存在安全隐患。同时，作业人员不按安全生产制度及生产规范进行安全作业，这是重要原因之一。

（2）施工现场安全员巡查工作不足，一方面导致施工现场许多安全隐患未及时发现排查；另一方面，事故发生后半个小时，受伤人员才被发现，未能对伤员进行及时抢救，反映出事故预警机制存在漏洞。

（3）伤亡人员台某在安全隐患辨识和安全施工操作技能方面存在很大问题；布置违规的电源插座说明施工现场的电气工人存在操作不规范等问题。上述情况说明施工现场安全教育培训工作不到位，作业人员安全意识欠缺。

13.3　事故性质认定

经调查，这是一起因作业人员安全意识淡薄、盲目违章作业、项目安全管理不到位而导致的生产安全责任事故。

13.4　整改措施及建议

通过对该事故运用事故因果连锁理论的致因分析，现已明确施工现场存在的问题和不足，整改措施和建议如下：

（1）建筑主体每一层作业面施工时，应根据该层作业面的用电情况合理布置电源插座；同时电缆的长度应充足（可用盘线装置调节），确保工人作业时能灵活地用电。

（2）洞口作业可设置防护栏杆、遮盖物盖板、栅门、格栅、阻挡件，以及架设安全网等防护设施。板与墙的孔口和洞口，必须视具体情况分别设置牢固的盖板、防护栏杆等防坠落防护设施。各种预留洞口，未装踏步的楼梯口，桩孔上口，杯形、条形基础上口，未填上的坑槽，应设置稳固的盖板。安装踏板的楼梯口应设防护栏杆，或用正式工程的楼梯扶手代替临时防护栏杆。对采光井等大面积洞口，必须设置安全网，避免人员的高处坠落或物体打击等事故的发生。

（3）地沟、临边等地方增设牢固的盖板或装设栏杆，或用安全绳及各种警告标志阻止行人进入，避免施工人员误入险境造成坠落。

（4）吊装各种悬空构件、钢柱前，必须完成梯子的焊接或绑扎，以及操作平台的搭设。

（5）坚持多层次安全防护，做到从个人到整体的层层防护。在进行立体交叉作业的情况下，各单位、工序之间要相应地落实好自身防护，还要提高设施的可靠性。如在个人戴好防护用品的情况下，还要在作业面下方一定高度处设置安全网、防护棚、拉安全绳，在各个环节增设补救措施，使措施的功能不断完善。

（6）现场工人作业时，应携带紧急报警装置，保证工人在遇到无法处理的危险时，可通过装置告知现场其他人员，以便及时得到解救和医治，同时也能够让其他人员及时处理现场依旧存在或持续扩大的危险状态。

（7）每天工作开始前必须认真检查施工机具和施工材料，并且保证施工人员出于稳定的工作状态。

（8）强化工种考核和加强安全教育。每一名从事高处作业的人员，上岗前必须经过安全知识和安全技术的培训考核。本事故中，如果能够增强台某的安全意识就会从第二块骨牌中止事故过程，避免伤亡的发生。此外，要定期开展形式多样的安全教育，包括安全会议、案例分析、安全讲座等，让高处作业人员能够理性地认识到安全生产的重要意义。

14　脚手架高处坠落事故案例分析

14.1　事故概况

14.1.1　事故过程

2009 年 6 月某日下午，在某工程项目 4 标段 A 楼建设工地，某装饰公司施工人员郭某、朱某、龙某三人，在该项目 A 楼西单元北面 14 层施工外架上进行外墙外保温施工作业。在施工过程中，郭某切割保温材料使用的手锯不慎掉落在其作业下方 12 层施工外架底部铺设的脚手板上。在郭某进入楼层内部、找寻掉落的手锯的过程中，他没有通过 12 层施工外架与楼内相连的通道进入手锯掉落位置，而是来到位于手锯掉落位置下方的 11 层至 12 层楼梯休息平台。该平台临边洞口上方与 12 层外架底部相邻，并设置有 2 根防护栏杆（见图 14-1）。郭某在未使用安全带的情况下踩踏防护栏杆向 12 层施工外架底部攀爬，将手臂从脚手板与墙体之间的缝隙中伸入捡拾手锯，在捡到手锯返回时不慎坠落（掉落位置如图 14-2 所示坑内），造成重度颅脑损伤，当场死亡。

图 14-1　临边防护栏杆　　　　　　　　　　图 14-2　坠落地点

14.1.2　事故特征

该起事故造成 1 人死亡，根据《生产安全事故报告和调查处理条例》可判为一般事故。针对该事故，其基本特征数据见表 14-1、表 14-2。由表 14-1 可知，现场的 3 名作业人员均为高空作业，均未系挂安全带。由表 14-2 可知，事故伤亡人员作业时未走安全通道。事故发生后，现场做出较为及时的应对措施，但因受伤人员伤势过重，最终抢救无效死亡。

表 14-1　事故基本特征数据统计表

天气	多云转阴雨	企业资质	建筑工程 1 级	作业环境	良好	发生位置	11 至 12 层之间
时间	16 时 20 分	安全员人数	1	相关机械设备	无	伤亡人数	1
防护措施	安全帽、安全密目网；无安全带						
应急措施	当场死亡，及时调查处理					应急效率	及时

表 14-2　事故伤亡特征数据统计表

伤亡人员 郭某	年龄	42	工种	装饰工	受教育程度	初中	伤害方式	坠落
	性别	男	来历	农村	伤害部位	颅脑	伤害性质	冲击
	伤害分类	死亡	致害物	重力运动伤害	伤害救治	瞬时死亡		
	起因物	高空作业未系安全带		不安全行为	不走安全通道			

14.2　事故致因分析

14.2.1　致因理论分析

　　该事故中涉及的单位较多，关系相对复杂，采用事故树分析方法，可以将导致事故发生的原因系统化、简单化，并通过树状图形表示出的各原因之间的逻辑关系以及与已发生事故的关系，找出事故发生的主要原因和间接原因，为制定相应的事故预防对策提供依据。针对该事故，采用事故树分析法（见图 14-3、表 14-3）。

　　通过对事故过程的分析，发现导致本次事故发生的因素有两类：一类是"物的危险因素"；一类是施工现场管理工作相关人员的"不安全行为"。当这两类危险因素同时发生

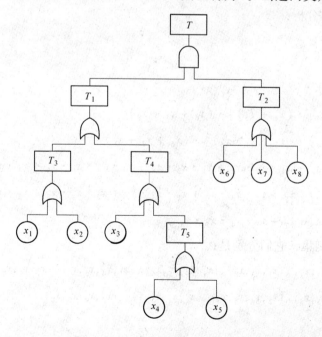

图 14-3　高空坠落事故树

时，会引起高处坠落事故的发生。

表 14-3 高空坠落事故树事件类型

符 号	事件类型	符 号	事件类型
T	郭某高处坠落事故	x_2	现场安全人员监管不力
T_1	人的不安全行为	x_3	郭某安全意识薄弱
T_2	物的危险因素	x_4	郭某在作业时未有安全防护措施
T_3	非作业人员的不安全行为	x_5	郭某未走安全通道
T_4	作业人员郭某的不安全行为	x_6	施工时手锯掉落
T_5	郭某施工中违规作业	x_7	现场已有的安全防护设置不合理
x_1	项目责任人将工程肢解，总分包双方责任不明确	x_8	现场的安全防护设置不完善

（1）物的危险因素。手锯掉落是本次事故中的一个突发危险源。郭某从发生事故部位的防护栏钢筋通过，说明钢筋间距过大，现场安全防护设置布置不合理。对于离地面较高且临边的建筑物较大洞口未设置安全防护网及安全警示标志，说明施工现场的安全防护设置不完善。

（2）人的不安全行为：

1）作业人员郭某安全意识薄弱，在高空作业时未进行任何安全防护措施，手锯掉落后试图走不安全的通道将其捡回，存在较大的违规作业行为。

2）施工现场的安全责任人对于监管范围划分不明确，负责监管的安全人员责任意识不强，没有强烈的监管意识。所以，本次事故中涉及人的不安全行为有项目责任人安全责任划分不明确，监管人员现场监管不力、不当，作业人员郭某安全意识薄弱，以及郭某违规作业。

（3）对事故树分析：

1）最小割集：

$$T = T_1 \cdot T_2$$

$$= (T_3 \cdot T_4) \cdot (x_6 + x_7 + x_8)$$

$$= [(x_1 + x_2) \cdot (x_3 + T_5)] \cdot (x_6 + x_7 + x_8)$$

$$= [(x_1 + x_2) \cdot (x_3 + x_4 \cdot x_5)] \cdot (x_6 + x_7 + x_8)$$

$$= x_1 \cdot x_3 \cdot x_6 + x_1 \cdot x_3 \cdot x_7 + x_1 \cdot x_3 \cdot x_8 + x_1 \cdot x_4 \cdot x_5 \cdot x_6 + x_1 \cdot x_4 \cdot x_5 \cdot x_7 +$$

$$x_1 \cdot x_4 \cdot x_5 \cdot x_8 + x_2 \cdot x_3 \cdot x_6 + x_2 \cdot x_3 \cdot x_7 + x_2 \cdot x_3 \cdot x_8 + x_2 \cdot x_4 \cdot x_5 \cdot x_6 +$$

$$x_2 \cdot x_4 \cdot x_5 \cdot x_7 + x_2 \cdot x_4 \cdot x_5 \cdot x_8$$

即得到 12 组割集，它们分别是：

$\{x_1,x_3,x_6\}$、$\{x_1,x_3,x_7\}$、$\{x_1,x_3,x_8\}$、$\{x_1,x_4,x_5,x_6\}$、$\{x_1,x_4,x_5,x_7\}$、$\{x_1,x_4,x_5,x_8\}$、$\{x_2,x_3,x_6\}$、$\{x_2,x_3,x_7\}$、$\{x_2,x_3,x_8\}$、$\{x_2,x_4,x_5,x_6\}$、$\{x_2,x_4,x_5,x_7\}$、$\{x_2,x_4,x_5,x_8\}$.

2）最小径集：

$$T = T_1 + T_2$$

$$= (T_3 \cdot T_4) + (x_6 \cdot x_7 \cdot x_8)$$

$$= (x_1 \cdot x_2 \cdot x_3 \cdot T_5) + (x_6 \cdot x_7 \cdot x_8)$$

$$= [x_1 \cdot x_2 \cdot x_3 \cdot (x_4 + x_5)] + (x_6 \cdot x_7 \cdot x_8)$$

$$= x_1 \cdot x_2 \cdot x_3 \cdot x_4 + x_1 \cdot x_2 \cdot x_3 \cdot x_5 + x_6 \cdot x_7 \cdot x_8$$

12 组最小割集中，在包含基本事件数目相同的情况下，计算各个基本事件出现的次数：

x_3、x_4、x_5 均出现 6 次，x_1、x_2 均出现 3 次，x_6、x_7、x_8 均出现 2 次，所以本事故的结构重要度为：

$$I_{\varphi(3)} = I_{\varphi(4)} = I_{\varphi(5)} > I_{\varphi(1)} = I_{\varphi(2)} > I_{\varphi(6)} = I_{\varphi(7)} = I_{\varphi(8)}$$

（4）结论：

1）从事故树结构分析，本事故的中间事件共有 5 个，基本原因事件有 8 个，这些因素独立作用或相互结合都可能导致本次事故的发生，因此施工作业现场的危险性必须引起足够的重视。

2）从最小割集和最小径集的组数来看，本次事故最小割集为 12 组，最小径集为 3 组。所以发生事故的可能途径有 12 条，预防事故发生的途径有 3 条。相比而言，预防和控制难度较大。

14.2.2　直接原因

（1）人的原因：

1）郭某在未使用安全带的情况下，踩踏防护栏杆从 11 层与 12 层之间的平台处向 12 层施工外架底部攀爬；

2）当事人郭某安全意识欠缺，不走安全通道，盲目走"险路"。

（2）物的原因。手锯是装饰工人外墙保温常用的工具，当事人郭某在作业时候因操作失误在作业平台处将手锯掉落，是本次事故的一个较大危险源。在捡回手锯的过程中，郭某通过的防护钢筋过于稀疏是导致事故发生的主要存在因素。

14.2.3　间接原因

（1）管理原因：

1）在对事故的调查过程中发现在建项目招标工作的负责人葛某，违反国家关于工程发包的相关法律规定，将该工程项目肢解发包，把外墙装饰保温工作单独分包，且未进一步明确总、分包单位之间的安全管理职责，导致施工现场安全管理不力，施工现场双方的巡查监管出现相互推脱的现象。

2）建设单位，监理单位疏于对施工现场的作业人员工作的巡查监督管理，未能及时发现并制止现场作业人员违章冒险作业的不安全行为，是造成此次事故的重要间接原因。

（2）教育原因。本事故施工现场的安全防护措施比较到位，主要问题出现在在岗作业人员的安全教育工作，未切实落实"三级教育"（公司教育、项目部教育、班组教育）工作，出现作业人员郭某违反劳动纪律违章作业的情况，最终导致意外事故的发生。

（3）环境原因。根据调查，施工现场的安全防护措施完善。发生事故部位的外架操作面铺设有 2 片脚手板，施工外架外侧均有防护栏杆并搭设有安全密目网，安全密目网未见破损现象（见图 14-4）。该单元 12 层外架为施工外架底层，该层施工外架在楼梯窗口处脚手板与墙体之间约有 20cm 的间隙，其余部位脚手架满铺（见图 14-5），距此处外架向西约 2.5m 处设有通向楼层内部的安全通道。这样的施工现场，安全文明施工措施合格，但在 12 层外架（发生事故部位）未张贴有"临边危险，禁止攀爬"之类的安全警示标语。

图 14-4　密目网防护合格　　　　　　　图 14-5　铺设有两片脚手板

14.3　事故性质认定

经调查，这是一起因施工作业人员安全意识薄弱、违反安全管理规定、在未使用安全带的情况下进行高处攀爬而导致的生产安全责任事故。

14.4　整改措施及建议

（1）做好针对性的安全技术交底工作：

1）针对施工过程中每个分部分项工程和零星安排的作业，操作者都必须明白施工环境、操作过程、操作工艺以及操作方法的具体要求；

2）在作业过程中采用适当的防护措施，减少意外发生对人身构成的伤害；

3）对于作业中存在或潜在的危害能及时采取应急避险措施；

4）遵守作业纪律，做到时时、处处重视安全。

（2）150cm×150cm 以上的洞口，四周须搭设维护架，并设双道防护栏杆，洞口中间支挂水平安全网，网的四周要拴挂牢固、严密。

（3）危险地段应设置警示牌，尤其是"四口"附近，应严格按照国家发布的安全警示标志标准设置"禁止攀爬"、"危险"等安全警示标志。

（4）在进行立体交叉作业的情况下，各单位、工序之间要相应地搞好自身防护，同时应提高设施的可靠性。如除个人坚持戴好防护用品外，还要在作业面下方一定高度处设置安全网、防护棚、拉安全绳，在各个环节增设补救措施，使安全措施的功能不断完善。

（5）凡4m以上建筑施工工程，在建筑的首层要设一道3~6m宽的安全网，如果施工层采用立网作防护时，应保证立网高出建筑物1m以上，且立网要搭接严密，保证安全网规格质量和使用安全性能。

（6）安全生产的第一责任人必须认真贯彻《安全生产法》和《建设工程安全生产管理条例》，树立"以人为本"的工作理念。

（7）强化施工现场从业人员管理。施工现场从业人员是安全管理的关键主体，建筑行业所属的从业人员要具备相应的业务知识、操作技能和安全意识。对于违章指挥、违章作业和违反劳动纪律的从业人员应进行重点教育，需向施工人员强调安全防护的作用和地位。此外，施工现场的安全管理人员和特种作业人员必须持证上岗。

（8）针对和本事故类似的事故，可设置专职安全员旁站检查，及时纠正违规操作。

（9）树立"人是安全管理关键主体"的观念。做好人的安全教育是做好安全管理工作、减少和杜绝安全事故发生的基础保证，应该认真做好施工人员的安全"三级教育"，即：入厂教育（公司级教育）、车间级教育（项目部级教育）和班组级教育。

（10）认真做好班前安全教育，要使安全教育不流于形式，有针对性。要注重安全教育人性化、教育形式的多样化（如：利用安全警示标志、安全操作图片展示、事故案例图片展示等），营造"安全第一、预防为主"的氛围，使受教育人的安全意识和安全知识得到切实提高，使施工现场的所有人员真正树立"安全第一"的理念，使施工作业人员认识到"遵章守纪是福，侥幸蛮干是祸"，由"要我安全"变为"我要安全"，做到"四不"，即：不伤害自己、不伤害他人、不被他人所伤害、不侥幸蛮干。

（11）加大对高处作业人员的安全教育频率。除了对高处作业人员进行安全技术知识教育外，还应组织高处作业人员观看一些高处坠落事故的案例，让其时刻牢记、注意自身的安全，以提高他们的安全意识和自身防护能力。寻找高处坠落事故的发生规律，对其进行针对性的教育和控制，如节假日前后、季节变化施工前、工程收尾阶段等作业人员人心比较散漫时进行针对性教育，并组织开展高处坠落的专项检查，通过检查及时地将各种不利因素、事故苗头消灭在萌芽状态。

15　基坑坍塌事故案例分析

15.1　事　故　概　况

15.1.1　事故过程

某建设工地建筑面积为 32000m²。2008 年 12 月，某建设工地基坑土方挖掘施工开始，挖掘自西向东进行，至 2009 年 3 月 1 日基坑土方挖掘施工已基本完成。期间，土方施工分包单位某工程公司和基坑支护分包单位日进基础公司施工进度相对脱节，部分基坑边坡在挖掘成型后未能及时完成支护措施。3 月 1 日夜间，该工程公司开始对基坑东侧预留通道周边进行挖掘。3 月 2 日夜间，该工程公司开始对基坑东侧预留通道进行挖除，使与通道相邻的基坑东侧 14/D-F 轴线段深度达 3m。3 月 3 日夜间，该工程公司再次对基坑东侧预留通道进行挖除，使基坑东侧 14/D-F 轴线段深度达到了 7m。

3 月 4 日上午 7 时许，项目生产经理陆某发现基坑东侧 14/D-F 轴线段坍塌部位土方挖掘基本结束，就安排马某、孙某、赵某、刘某、张某 5 名工人到基坑边坡底部清理浮土。11 时 25 分，该部位约长 16m 的边坡突然失稳坍塌，塌方土体将马某、孙某掩埋，其余 3 名工人逃脱。事故发生后，现场人员立即组织施救，至 13 时许，马某、孙某被相继救出并送往医院救治，但因窒息时间过长经抢救无效死亡。

15.1.2　事故特征

该起事故造成 2 人死亡，根据《生产安全事故报告和调查处理条例》可判为一般事故。通过事故概况和事故基本特征数据统计（见表 15-1、表 15-2），可知该事故中人员作业区域在基坑开挖处，属于高危作业区域，事故发生概率相对较高；施工现场有大型机械设备作业，且人员相对密集，群伤概率较高，基坑坍塌时，初期预兆很少，边坡失稳坍塌迅速，因此该事故具有突然性。

表 15-1　事故基本特征数据统计表

天气	阴	企业资质	建筑工程1级	作业环境	干燥	发生位置	基坑东侧边坡
时间	11 时 25 分	安全员人数	2 人	相关机械设备	—	伤亡人数	死亡 2 人
防护措施	1:0.3 放坡、土钉喷锚护坡支护						
应急措施	立即救援并送往医院					应急效率	及时无效

表 15-2　事故伤亡特征数据统计表

伤亡人员 孙某、马某	伤害程度	死亡	伤害方式	掩埋	伤害救治	及时抢救无效死亡
	起因物	基坑坍塌			不安全行为	施工现场未能及时完成支护措施的情况下冒险违章作业

15.2　事故致因分析

15.2.1　致因理论分析

　　该事故涉及单位较多，关系相对复杂，采用鱼刺图法可以将主次分清，明确重点，为今后制定对策提供依据。此外，该方法将引起事故的直接和间接要素按不同层次进行排列，能够清晰表示出导致事故发生的大原因、中原因、小原因。绘制出本案例坍塌事故鱼刺图模型（见图15-1）。

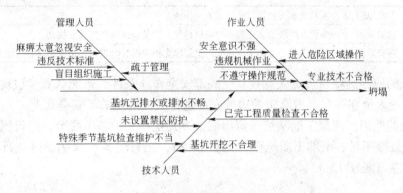

图 15-1　坍塌事故鱼刺图模型

　　（1）管理人员：

　　1）项目负责人忽视基坑底部安全作业条件，未能认真辨识现场存在的严重隐患，在基坑东侧边坡放坡不足、上部土质疏松、土钉墙支护尚未进行、且在边坡上方南侧破碎机机械作业产生较大扰动的情况下，盲目组织人员在基坑底部进行浮土清理作业。

　　2）施工单位项目部经理张某，作为该项目部安全生产第一责任人，疏于对有关分包单位的资质审查和安全生产工作的督促管理，未能有效协调土方开挖单位和基坑支护单位相互配合，导致"分层开挖、同步支护"的安全施工方案流于形式。

　　（2）技术人员：

　　1）地基基础施工方作为该工程项目基坑支护的分包单位，未充分重视后期施工的安全作业条件，对已开挖的基坑未能及时进行支护施工，在东侧边坡深度已达3m、且边坡土体疏松的情况下，未能及时劝阻土方开挖单位盲目开挖的不安全行为，为后续施工埋下严重隐患，是造成此次事故发生的重要原因。

　　2）地基基础施工方现场负责人卢某，作为该项目基坑支护施工的主要负责人，安全意识淡漠，基坑支护工作进度缓慢且未能与土方开挖单位积极协调配合，导致边坡支护缺失、为后续施工埋下严重隐患。此外，疏于对其作业人员的安全教育和对作业现场的监督检查，未能及时发现并制止3月4日在基坑底部有人员作业的情况下其破碎机继续在基坑上方作业的不安全行为，履行职责不到位，应对此次事故负重要责任。

　　3）基础公司经理贺某，作为该公司安全生产工作第一责任人，履行职责不到位，未能针对基坑支护中工作量大而人员较少的矛盾采取相应的改进措施，亦未能及时同土方开挖单位沟通协调，导致边坡支护不及时，应对此事故负重要领导责任。

4）项目部安全员马某，疏于对施工现场作业环境的安全检查，未能及时发现并制止劳务公司有关人员在存在严重隐患的边坡底部进行人工清土作业的不安全行为，履行职责不到位，应对此次事故负重要责任。

（3）作业人员。劳务公司有关人员在存在严重隐患的边坡底部进行人工清土的不安全作业。

15.2.2 直接原因

事故直接原因见表15-3。

表15-3 事故直接原因统计表

直接原因	人的原因	项目负责人忽视基坑底部安全作业条件
	物的原因	事发前边坡上方南侧破碎机机械作业对基坑边坡产生较大扰动
	环境原因	放坡不足、上部土质疏松，土钉墙支护未能及时进行，边坡土体自稳能力较差

（1）人的原因。项目负责人忽视基坑底部安全作业条件，未能认真辨识现场存在的严重隐患；作业人员在存在严重隐患的边坡底部进行人工清土的不安全作业。

（2）物的原因。建设工地基坑东侧边坡土方开挖和支护施工脱节，经机械开挖基坑基本成型，但放坡不足、上部土质疏松（见图15-2），土钉墙支护未能及时进行，边坡土体自稳能力较差（见图15-3）。

图15-2 放坡不足、上部土质疏松   图15-3 土钉墙支护未能及时进行

（3）环境原因。事发前边坡上方南侧破碎机机械作业对基坑边坡产生较大扰动，致使边坡土体失稳突然坍塌。

15.2.3 间接原因

事故间接原因见表15-4。

表15-4 事故间接原因统计表

间接原因	技术原因	工程公司在未取得建筑业企业资质和安全生产许可证书、不具备土方施工资质的情况下，非法承包该项目基坑土方施工工程
	管理原因	建设公司疏于对作业现场的监督检查，未能及时发现并制止劳务公司有关人员在存在严重隐患的边坡底部进行人工清土作业的不安全行为

（1）技术原因。工程公司在未取得建筑业企业资质和安全生产许可证书、不具备土方施工资质的情况下，非法承包该项目基坑土方施工工程，在组织实施土方施工中，忽视后期安全作业条件，未能与基坑支护分包单位积极协调配合，在开挖深度已达 3m 且支护施工尚未进行的情况下，继续盲目组织开挖，导致基坑深度达到 7m，坑壁近似垂直，为施工现场后续施工埋下严重隐患。

（2）管理原因。建设公司疏于对有关分包单位资质审查和安全生产工作的督促管理，未能有效协调土方开挖单位和基坑支护单位相互配合，导致"分层开挖、同步支护"的安全施工方案流于形式。开挖成型的边坡未能得到及时支护，且疏于对作业现场的监督检查，未能及时发现并制止劳务公司有关人员在存在严重隐患的边坡底部进行人工清土作业的不安全行为。

15.3 事故性质认定

事故调查组认为，这是一起违反国家有关建设程序、施工管理薄弱、作业人员违章冒险作业、有关各方监管不力而导致的事故。

15.4 整改措施及建议

通过对该事故运用鱼刺图方法进行致因分析，现已明确施工现场存在的问题和不足，整改措施及建议如下：

（1）基坑（槽）和管沟挖方与放坡安全措施要求：

1）施工中应防止地面水流入坑、沟内，以免边坡塌方。

2）土壁天然冻结，对施工挖方的工作安全有利。在深度 4m 以内的基坑（槽）开挖时，允许采用天然冻结法垂直开挖而不加设支撑，但在干燥的砂土中应严禁采用冻结法施工。

（2）深基坑挖方与放坡安全措施要求：

1）深基坑施工前，作业人员必须按照施工组织设计及施工方案组织施工。深基坑挖土时，应按设计要求放坡或采取固壁支撑防护。

2）严禁在边坡或基坑四周超载堆积材料、设备，在高边坡危险地带搭建工棚。

3）土质较差且施工工期较长的基坑，边坡宜采用钢丝网、水泥或其他材料进行护坡。

（3）施工前应先熟悉该工程的地质勘察报告，根据挖方深度范围内不同土层的物理性能和地下水位情况，采取相应的支护及降水措施。

（4）施工中的控制。施工方案控制必须按批准的施工方案进行施工，其开挖顺序与分层高度以及放坡支护均应按要求进行，软土地区或地下水位较高的地区，要及时做好地面排水和地下降水工作。地下降水过程中要注意邻近建筑物及设施的沉降，必要时要及时做好截水帷幕和降水回灌等工作。在黏性土层施工中，必须按方案及时支顶防护，严禁掏挖。相邻基坑施工时应先深后浅，不可盲目乱来。

（5）基坑开挖应制订应急预案，及时采取救活措施，规范项目部施工现场管理、技术管理、安全管理；新工人入场，必须进行严格的三级安全教育，特别是对特种作业人员持证上岗检查，对农民工应加强对施工现场危险危害因素和紧急救援、逃生知识的安全教育。

16　作业支撑架坍塌事故案例分析

16.1　事　故　概　况

16.1.1　事故过程

　　2013 年 1 月 23 日 19 时 10 分左右,某图书馆工程,在施工浇筑混凝土时,天井部位 (8)~(11)轴/(E)~(J)轴部位,14.43m 高的工作面支撑架体突然发生坍塌(见图16-1), 正在上部从事混凝土浇筑作业的 3 名工人,随同架体坠落。经过现场的积极营救,3 名工 人当中 1 人无恙,1 人当场死亡,另有 1 人受伤被送往医院救治(见图16-2),无生命 危险。

图 16-1　工作面支撑架体坍塌　　　　　图 16-2　救治现场伤员

16.1.2　事故特征

　　该起事故造成 1 人死亡 1 人受伤,根据《生产安全事故报告和调查处理条例》可 判为一般事故。通过对事故发生过程的分析,其基本特征和伤亡特征见表 16-1 和表 16-2。

表 16-1　事故基本特征数据统计表

天气	晴	现场人数	3	作业环境	干燥寒冷	发生位置	14.43m 高的作业面
时间	19 时 10 分	安全员人数	2	相关机械设备	混凝土泵	伤亡人数	1 死 1 伤
防护措施	模板防护严重不合格						
应急措施	立即送往医院救治					应急效率	及时有效

表 16-2 事故伤亡特征数据统计表

伤亡人员 1 死 1 伤	年龄	—	工种	瓦工	受教育程度	初中	伤害方式	坍塌
	性别	男	来历	农村	伤害部位	颅脑	伤害性质	倒塌压埋伤
	伤害分类	死亡/压伤	致害物	坍塌物	伤害救治	瞬时死亡/受伤后及时治疗		
	起因物	模板支撑			不安全行为	—		

16.2 事故致因分析

16.2.1 致因理论分析

该起事故中模板支撑体系存在缺陷属于客观存在的事实，而施工人员忽视了存在安全隐患的模板，继续浇筑混凝土，导致了事故的发生，事故的原因已经很明确。因此，对该起事故运用危险源释放理论进行分析，危险源释放理论依据事故发生的作用，将危险源划分为第一类和第二类危险源，即一起事故的发生是两类危险源共同作用的结果。

对于现场模板支撑架体的搭设，需满足《建筑施工模板安全技术规范》（JGJ 162—2008）和《建筑施工扣件式钢管脚手架安全技术规范》（JGJ 130—2011）的规定。根据危险源理论，在本事故当中，施工人员并没有按照有关规定去搭设模板，导致模板支撑系统存在重大缺陷，属于第一类危险源；施工人员不顾危险，继续在工作面上浇筑混凝土，属于第二类危险源。第一类危险源与第二类危险源的相遇造成了本次事故的最终发生（见图16-3）。

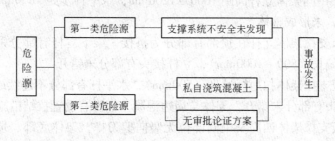

图 16-3 作业面支撑架坍塌事故危险源图

此次事故中，建筑工程事故发生以后，立即对现场进行调查，根据调查可以总结出危险源大体如下：天井屋面梁板施工未见专项施工方案；未有施工单位技术负责人、项目总监理工程师审批手续；该天井屋面梁板施工属于超过一定规模危险性较大的分部分项工程，亦未进行安全专项方案的论证；天井屋面梁板施工支撑架体搭设、模板支设、钢筋绑扎等工程未见有检查验收记录；天井屋面梁板混凝土浇捣未见有浇捣令；天井屋面梁板施工没有给予各工种的安全、技术交底记录；架体搭设人员等特种作业人员无有效资格证件。

这其中，第一类危险源主要是模板支撑系统不安全且未能即时的发现，而第二类危险源主要是指天井屋面梁板砼没有浇筑令就私自进行浇筑，以及架体搭设人员都不是持证上岗人员。一旦第一类危险源与第二类危险源发生交叉后，最后就将导致事故的发生，倘若在这过程中及时的发现问题并加以整改或者控制任一类危险因素，最终都会有效地避免此次事故的发生。

16.2.2　直接原因

应用事故致因理论分析得出该事故的直接原因，见表 16-3。

表 16-3　事故直接原因统计表

直接原因	人的原因	① 作业人员使用架桥机前未对其易损关键部位进行检查； ② 高危作业时未系安全带； ③ 作业人员未能及时发现并撤离
	物的原因	① 架桥机右侧行走轮轴承架有一定损坏，属于带"病"使用； ② 架桥机无报警装置

（1）施工现场作业人员包括技术人员，漠视安全操作规程，在没有浇捣令的情况下，即浇捣混凝土的上一道工序没有通过检查，没有安全保障，模板支撑体系的承载力和稳定性都没有进行检查验证就强行进行了下一步的混凝土灌注浇捣，并且本工程中，天井屋面梁板施工未见专项施工方案，未有施工单位技术负责人、项目总监理工程师审批手续。

（2）事故发生以后，立即对现场进行调查，发现现场模板支撑架体搭设严重不符合《建筑施工模板安全技术规范》(JGJ162—2008)、《建筑施工扣件式钢管脚手架安全技术规范》(JGJ130—2011) 中的规定。

1）天井模板支撑架体四周靠外两排架体为原外架，立杆间距 1800mm×900mm，水平杆步距 1800mm，中间架体立杆间距 1000～1200mm，水平杆步距 1800mm，且两部分架体连接水平杆缺失，未形成整体。

2）天井模板支撑架体立杆在顶部有部分为搭接，梁下立杆有部分采用扣件承力，梁板下立杆自由端偏长（800～1000mm），立杆接头有部分未错开。

3）天井模板支撑架体扫地杆过高（500mm），水平杆有部分不连续或未与立杆用扣件连接，水平杆接头有部分未错开，架体与周边混凝土柱没有设置拉结措施。

4）天井模板支撑架体四周及中间部位无竖向剪刀撑，架体底部、顶部及中间部位无水平剪刀撑。

16.2.3　间接原因

应用事故致因理论分析得出事故间接原因分析表，见表 16-4。

表 16-4　事故间接原因统计表

间接原因	技术原因	① 脚手架及模板支撑搭设不符合要求； ② 没有专项施工方案
	管理原因	① 安全监督管理不合格； ② 安全人员、技术人员、管理人员不具备相应的资质与能力
	教育原因	三级教育不到位，各个层级的安全意识都不高

（1）技术原因。本次事故主要是模板支撑架的立杆搭接，梁下立杆部分采用扣件承力，立杆端头自由端太大，立杆间距、水平杆步距过大，杆件之间连接不规范，支撑架缺少竖向、水平向剪刀撑设置，加之钢管和扣件的材质存在明显的质量问题，减弱了支撑架的承载力，达不到安全要求，从而使模板支撑架在承载浇筑的混凝土荷载后发生坍塌。然而在这些诸多不合格因素存在的情况下没有专项方案论证，没有进行技术交底，亦未见架体搭设人员等特种作业人员的有效资格证件。

（2）管理原因：

1）安全监督管理工作不到位，在施工现场存在如此多的安全隐患的情况下，安全监督管理人员没有发现指出其中的问题，要求整改，而是盲目继续危险作业，是导致本次事故的重要间接原因。

2）在本次事故调查中发现，该工程中，项目安全员，项目技术负责人以及各管理人员没有相应的资质与技术能力，特种作业人员没有从业资格证书，这些都是管理上的严重缺陷，是违规违法的行为，是对人民的生命和财产安全不负责任的行为。

（3）教育原因。该工程项目对各级人员的教育不到位，导致大家的安全意识比较差，没有自我保护意识，没有危险意识，身处危险环境中而不警惕，最终对自己的生命造成了危害。

16.3 事故性质认定

经调查认定，该现场模板支撑架体搭设严重不符合《建筑施工模板安全技术规范》（JGJ162—2008）、《建筑施工扣件式钢管脚手架安全技术规范》（JGJ130—2011）的规定，是一起施工单位技术人员、安全人员以及监理单位有关人员职责履行不力而导致的安全责任事故。

16.4 改进措施及建议

通过对该事故运用危险源释放理论进行致因分析，现已明确施工现场存在的问题和不足，整改措施及建议如下：

（1）重视专项施工方案的编制：

1）正式编制专项施工方案前，首先应对高支模架施工对象结构形式有一个总体的把握，然后在此基础上，结合混凝土结构形式以及施工现场实际情况，综合考虑安全性、经济性等要素，合理选择适合该工程的支撑结构形式。

2）对于专项施工方案的编制，应优先采用传力直接、传力可靠的支模架或其他支模方式，如采用支撑架顶部插入可调托，使得支撑结构立杆呈轴心受压状态，可提高支撑结构承载力，并受架子搭设人员人为影响较小。

（2）材料质量控制。钢管模板支撑架体材料质量问题是造成模板支架坍塌事故发生的一个重要原因。架体材料一般为租赁流转使用，如扣件钢管架，其租赁费用扣件论只、钢管论米计算日租，出于经济利益的考虑，一些生产厂家 ϕ48mm 钢管的壁厚没有达到规范要求的3.5mm；加上施工周转使用后，钢管的锈蚀进一步使壁厚减薄，达到2.5~3.0mm，扣件的质量较差，扣件的自重逐渐降低等。施工单位在按施工方案搭设支模架前，应加强对模架材料质量的控制，按批次进行抽样、检测，不能将有严重质量缺陷的材料应用于施工难度高的模板支架。

（3）依据模板支撑结构受力形式强化控制重点。钢管模板支撑结构受力形式一般有两种：一是立杆顶部插入可调托，支撑结构立杆轴心受压；二是利用顶部水平杆传力。对于扣件式钢管支模架而言，立杆受偏心荷载作用。这2种不同的受力形式，其支撑结构承载力控制重点有所不同，立杆轴压受力形式支撑结构安全性控制重点为支撑结构的稳定性，立杆偏压受力形式控制重点为扣件的抗滑移承载力以及支撑结构的稳定性，应当依据模板支撑结构受力形式强化控制重点。

（4）加强自身管理效率建设。必须对施工现场安全隐患进行全面的排查和治理。坚持做到各司其责、严格程序，加强协作，重点对高大模板和钢管、扣件；起重机械设备，高处作业和交叉作业等进行检查，对尚未进行混凝土浇筑施工的高架模板支撑系统，要重新对方案进行检查，严格履行审批、审查和专家论证程序，做好检查验收程序。对检查发现的重大安全隐患要造册登记、逐一整改，确保生产安全。应该加强对于特殊或者属于危险范畴的分部分项工程的安全专项方案施工论证，同时施工前一定要得到总监理工程师的审批手续以后才能施工。

（5）重视三级教育。该起事故中，对于模板支撑系统中存在的钢管锈蚀，立杆端头自由端太大，立杆间距、水平杆步距过大，杆件之间连接不规范，支撑架缺少竖向、水平向剪刀撑，钢管和扣件的材质存在明显的质量问题等，这些"小"问题，施工方专门做模板支撑的并不是看不出来，只是他们看出来了以后仍然过分"自信"，认为这些"小毛病"不足以影响到结构的承载力，自己的盲目大意促使了事故的发生。因此，我们要充分正视施工安全的三级教育，不管是对管理人员还是项目班组施工人员，一定要教育人们切不可盲目自大。

17 模板支撑体系坍塌事故案例分析

17.1 事 故 概 况

17.1.1 事故过程

2007 年某企业为扩大产能决定在西安生产基地原有工房的基础上进行扩能改造。随后，该公司成立改造项目办公室，负责该项目的土建施工。该工程项目总建筑面积约 2846.58m²。

2009 年 7 月 30 日下午 2 时 30 分许，在该改造项目施工现场，由于项目经理聘用不具备建筑施工从业资质和相应技术能力的段某、李某负责组织项目的后续施工，而施工过程中监理人员未对支撑架体搭设人员的操作资格进行审核，且在发现搭设架体存在多处安全隐患后，没有采取监理措施予以制止，也未向建设单位提出监理意见，致使施工人员在对配酸工房配酸间顶板进行混凝土浇筑作业时，模板支撑体系突然失稳坍塌，造成现场施工人员 3 人被埋死亡，2 人重伤，13 人不同程度受伤。事故现场如图 17-1 ~ 图 17-4 所示。

图 17-1 坍塌的脚手架

图 17-2 坍塌的混凝土

图 17-3 破旧的安全网

图 17-4 歪斜的立杆

17.1.2 事故特征

该起事故造成3人死亡、15人受伤,根据《生产安全事故报告和调查处理条例》可判为较大事故。该事故属于典型的模板坍塌事故,其事故基本特征数据与伤亡数据统计见表17-1、表17-2。该事故发生前,现场有30名工人正在浇筑混凝土,并进行相关振捣工作,后模板支撑体系突然倒塌,导致3人死亡,15人受伤的事故。

表 17-1　事故基本特征数据统计表

天气	晴	现场人数	30	作业环境	晴朗高温	发生位置	模板支撑
时间	14时30分	安全员人数	1	相关机械设备	振动棒、混凝土泵车、塔吊	伤亡人数	3死15伤
防护措施	无警示标志、安全网破旧						
应急措施	立即送往医院救治					应急效率	及时

表 17-2　事故伤亡特征数据统计表

伤亡人员	年龄	性别	工种	来历	受教育程度	伤害部位	伤害方式	伤害性质
袁某	48岁	男	木工	农村	初中	脊椎	落下物	多伤害
王某	51岁	男	木工	农村	小学	脑部	落下物	冲击
王某	57岁	男	木工	农村	小学	胸部	落下物	压伤
曹某	52岁	男	混凝土工	农村	初中	胸十二椎骨折	坍塌	骨折
郝某	61岁	男	混凝土工	农村	小学	腰二骨折	坍塌	骨折

伤亡人员	伤害分类	起因物	致害物	不安全行为	伤害救治
袁某					当场死亡
王某					当场死亡
王某	坍塌	模板承载后失稳	模板、混凝土	违规施工	当场死亡
曹某					及时治疗
郝某					及时治疗

17.2　事故致因分析

17.2.1 致因理论分析

由于该事故发生的原因众多,存在多种危险因素。为了既能定量又能定性的分析出其直接原因、间接原因、深层原因和根本原因,故采用事故树分析理论。它能对各种系统的危险性进行辨识和评价,事故树理论的作用机理为:安全管理缺陷→(产生)→深层原因→(引发)→直接原因→(轨迹交叉、导致)→事故→(造成能量意外释放)→伤害。

通过对该事故发生过程分析,导致模板支撑体系坍塌的因素,一是物的不安全状态,二是作业人员不安全行为,只有这两个事件同时发生才会导致模板坍塌事故,它们是与门关系。

(1)人的不安全行为。施工前管理人员没有编制切实可行的施工组织设计和专项施工方案，未做具体技术安全措施交底，特定施工项目未经专家评审论证，从而引发了坍塌事故；部分作业人员对模板支撑系统技术要求观念不强，未按相关的施工组织设计施工、简化操作程序，致使整体结构受力情况不符合规范要求；采用低价投标，导致施工中安全投入费用减少，安全措施严重缺陷。

故该事故中人的不安全行为有技术管理缺陷、人员作业不当、安全措施缺失和安全投入不足。

（2）物的不安全状态。造成模板支撑体系坍塌物的不安全状态有脚手架基础不均匀沉降导致模板整体失稳；模板工程搭设不符合规范要求，一旦受力不均匀后，整体垮塌；模板工程使用劣质材料，不能承受设计的强度而坍塌。因此，"材质不合格"、"搭设不合格"和"脚手架基础不合格"（见图17-5）任何一个事件发生都会导致模板坍塌的发生，所以它们为或门关系。

1）材质不合格。模板的支撑体系中主要由钢管和扣件两部分组成，所以导致材质不合格的两个基本事件分别是"钢管壁厚不足"（见图17-6）和"扣件材质不合格"（见图17-7），它们为或门关系。

图17-5 脚手架基础不合格

图17-6 钢管壁厚不足

2）搭设不合格。根据对相关规范要求的了解和对现场安全管理人员的咨询，确定了搭设不合格的四种基本事件，分别是"立杆间距过大"（见图17-8）、"水平拉杆不足"（见图17-9）、"立杆采用搭接"和"剪刀撑布设不合格"（见图17-10）。根据以上分析，得出了模板支撑体系坍塌事故的事故树图（见图17-11）。

图17-7 扣件材质不合格

图17-8 立杆间距过大

图17-11中各符号代表的含义见表17-3。

图 17-9　水平拉杆不足　　　　　　　　图 17-10　剪刀撑布设不合格

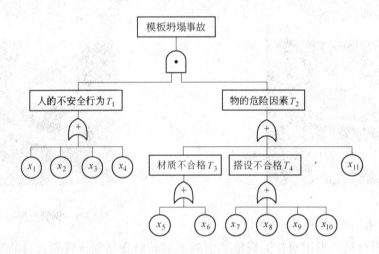

图 17-11　模板坍塌事故树图

表 17-3　各符号意义

符 号	意 义	符 号	意 义	符 号	意 义
x_1	技术管理缺陷	x_5	钢管壁厚不足	x_9	立杆采用搭接
x_2	人员作业不当	x_6	扣件材质不合格	x_{10}	剪刀撑布设不合格
x_3	安全投入不足	x_7	立杆间距过大	x_{11}	脚手架基础不合格
x_4	安全措施缺陷	x_8	水平拉杆不足		

下面求解最小割集，最小径集和结构重要度：

（1）事故树最小割集求解：

$$T = T_1 T_2 = (x_1 + x_2 + x_3 + x_4)(x_5 + x_6 + x_7 + x_8 + x_9 + x_{10} + x_{11})$$

展开公式并根据布尔代数简化，得到 28 组割集：

$$K_1 = \{x_1, x_5\}, K_2 = \{x_1, x_6\}, K_3 = \{x_1, x_7\}, \cdots, K_{28} = \{x_4, x_{11}\}$$

（2）事故树最小径集的求解。

将图 17-11 中的逻辑门进行调换，与门变成或门，或门变成与门，这样事故树就变成成功树。只要对成功树求解就可以获得最小径集：

$$T = T_1 + T_2 = x_1 x_2 x_3 x_4 + x_5 x_6 x_7 x_8 x_9 x_{10} x_{11}$$

将上式整理后可得到预防模板坍塌事故的最小径集有 2 组：

$$P_1 = \{x_1, x_2, x_3, x_4\}, P_2 = \{x_5, x_6, x_7, x_8, x_9, x_{10}, x_{11}\}$$

（3）结构重要度求解。根据不同的基本事件在 29 组割集中出现的频率大小，反映了该基本事件在坍塌事故发生中的重要程度。由最小割集的求解可以看出，x_1、x_2、x_3、x_4 各出现在 7 组割集中，x_5、x_6、x_7、x_8、x_9、x_{10}、x_{11} 各出现在 4 组割集中。因此，可以得到各个基本事件模板坍塌事故的影响程度大小为：

$$x_1 = x_2 = x_3 = x_4 > x_5 = x_6 = x_7 = x_8 = x_9 = x_{10} = x_{11}$$

所以，对模板坍塌事故影响的重要程度依次为：技术管理缺陷；作业人员不当；安全投入不足；安全措施缺失；钢管壁厚不足；扣件材质不合格；立杆间距过大；水平拉杆不足，立杆采用搭接；剪刀撑布设不合格；脚手架基础不合格。

17.2.2　直接原因

（1）该改造项目安全管理混乱、技术力量匮乏，聘用不具备建设施工资质和相应技术能力的人员组织在建项目施工，且未对模板搭设作业人员的从业资质进行认真审核，未编制安全可靠的配酸间高大模板支撑专项施工方案，致使搭设形成的配酸间支撑架体存在严重安全隐患。

（2）施工单位在未编制配酸间顶板混凝土浇筑方案、未取得混凝土浇筑令的情况下，同意施工人员进行了配酸间顶板混凝土的浇筑作业，致使支撑架体在混凝土自重负载和浇筑扰动下失稳坍塌压埋作业人员。

（3）建设单位是该项目的投资者，也是建设项目管理的主体，在此次事故中，建设单位具有以下的不妥之处：

1）未取得相关管理部门施工许可的情况下同意施工单位进场施工，是导致事故发生的根本原因；

2）在施工过程中，施工单位和监理单位的工作存在着不足之处，但建设单位并未能有效督促相关施工、监理单位做好其现场安全管理工作。

17.2.3　间接原因

监理公司相关监理人员，在实施该项目监理过程中，没有尽到自己的监理责任。在此次事故中，监理公司存在的问题有：

（1）监理人员未对配酸间模板搭设作业人员的从业资质进行认真审核，致使配酸间模板支撑架体由不具备架子工操作资质的木工完成；

（2）施工单位在未编制高大模板支撑专项方案情况下擅自施工，监理人员并没有采取监理措施制止施工单位的行为；

（3）监理人员在已发现施工单位搭设的配酸间支撑脚手架存在众多安全隐患后，没有采取监理措施予以制止，也未向建设单位提出监理意见，导致隐患未能得到及时消除；

（4）现场监理人员在施工单位未报送顶板混凝土浇筑专项施工方案、未取得浇筑令的情况下，默许施工单位违规进行顶板混凝土浇筑作业，职责履行不到位，是造成此次事故发生的重要原因。

17.3　事故性质认定

经调查认定，这是一起模板支撑体系违反建筑施工标准、现场安全管理不力、相关单位职责履行不到位而引发的生产安全责任事故。

17.4　整改措施及建议

针对事故致因理论的分析，对该事故采取如下相应的整改措施和意见：

（1）进行高大模板支撑架体搭设之前，应编制专项的施工方案，并且在施工时严格按照方案执行。

（2）搭设质量合格的模板支撑架体离不开施工人员扎实的专业技术能力，所以施工的人员必须受过相应的培训，具备相关的操作资质。

（3）模板及支架应具有足够的强度、刚度和稳定性，能可靠地承受新浇混凝土自重、侧压力和施工中产生的荷载及风荷载；对于模板搭设的要求，应符合《建筑施工扣件式钢管脚手架安全技术规范》（JGJ 130—2011）的标准要求。

（4）建筑工地施工过程中，施工人员的不安全行为，生产设备、安全防护设施及生产环境的不安全状态，是导致安全事故发生的直接原因。因此，根据施工现场安全事故发生的机理和特点，为了能够有效地控制和预防安全事故的发生，施工单位应严查施工人员的从业资格和相关技术能力；对于专项工程，应严格按照专项施工方案施工；聘请责任心强的安全员，在监督工程中发现问题能与项目负责人及时沟通。

（5）开展高效性安全教育。工人在施工现场随着施工部位和施工季节的变化，安全意识会出现逐渐下滑情况，因此需要开展经常性安全教育，可根据各个队伍现场出现不安全行为的特点和频次，组织现场班组针对性教育和安全意识强化教育。

（6）多种手段开展安全培训。可通过举办安全生产知识培训班、开展安全生产知识竞赛等方式，组织职工认真学习掌握安全生产操作规程和技术标准。开展事故应急预演、岗位危险预知训练等以安全生产为内容的岗位练兵、技术比武活动，帮助职工掌握安全生产操作技能，提高安全生产和处理突发事故的能力。

18 架桥机起重伤害事故案例分析

18.1 事 故 概 况

18.1.1 事故过程

2012 年 7 月某日，按照施工进度，某有限公司架桥机班组作业人员将架桥机导梁推进至 43 号桥墩，准备进行某特大桥某段 44 ~ 43 号桥墩桥梁架设施工。第二日上午 7 时 40 分许，架桥机班组负责人韩某带领所属人员继续进行架桥机主梁过孔作业，为铺设 44 ~ 43 号桥墩预制桥梁进行前期准备。随后，架桥机操作员张某进入位于架桥机后端的驾驶室，作业人员马某、常某、郭某、贾某等 12 人分别登上 45 ~ 44 号桥面及 44 号桥墩，负责对架桥机前、后支腿及导梁支腿等重要部位的移位、行驶状况进行观测监控。上午 8 时许，架桥机操作员张某启动架桥机行走机构，操作支撑架桥机主梁的后支腿和前端辅助支腿，由 44 号桥墩同步向 43 号桥墩前移。8 时 10 分许，张某操作架桥机行驶系统，将主梁推进至距 43 号桥墩约 24.6 米时，突然发现架桥机导梁产生较强振动，便立即按下急停按钮，关闭行驶系统。随后，导梁失稳发生倾覆，致使在 44 号桥墩上进行观测的郭某、贾某 2 人跌落地面。事故发生后，现场负责人迅速拨打 120 急救电话，及时将伤者送往医院，郭某经医院抢救无效死亡，贾某受轻伤（见图 18-1 ~ 图 18-4）。

图 18-1　架桥机坍塌现场　　　　　　　图 18-2　架桥机损坏状况

18.1.2 事故特征

该起事故造成 1 人死亡 1 人受伤，根据《生产安全事故报告和调查处理条例》可判为一般事故。针对此起事故，事故特征列表分析（见表 18-1、表 18-2）。通过事故概况和表

图 18-3　43 号墩顶部状况　　　　　　图 18-4　44 号墩顶部状况

18-1 可知,该事故中人员作业均属于高危作业,且作业场地狭窄,事故发生概率相对较高;施工现场有大型机械设备作业,且人员相对密集,群伤概率较高;架桥机倾覆时,初期有很短时间预兆,紧接着迅速发生倾覆,具有突然性。通过表 18-2 可知,事故伤亡人员具有相似特点:均为中龄男子,施工人员作业时均未系安全带,施工人员受教育程度不高。

表 18-1　事故基本特征数据统计表

天气	阴	企业资质	桥梁承包一级	作业环境	光线昏暗	发生位置	44~43 号桥墩之间
时间	8 时	安全员人数	2 人	相关机械设备	架桥机	伤亡人数	死亡 1 人受伤 1 人
防护措施	—						
应急措施	及时将伤者送往医院,1 人抢救无效死亡,1 人受轻伤。				应急效率	及时较有效	

表 18-2　事故伤亡特征数据统计表

伤亡人员 郭某	年龄	35	工种	观测人员	受教育程度	高中	伤害方式	坠落
	性别	男	来历	农村	伤害部位	胸部 脑部	伤害性质	冲击
	伤害分类	死亡	致害物	重力运动伤害	伤害救治	及时治疗死亡		
	起因物	倾覆的架桥机		不安全行为	未系安全带			
伤亡人员 贾某	年龄	41	工种	观测人员	受教育程度	初中	伤害方式	坠落
	性别	男	来历	农村	伤害部位	腿部	伤害性质	冲击
	伤害分类	轻伤	致害物	重力运动伤害	伤害救治	及时治疗		
	起因物	倾覆的架桥机		不安全行为	未系安全带			

18.2　事故致因分析

18.2.1　致因理论分析

根据各类致因理论的特点,结合本事故的人员作业的特殊性、事故发展的突然性等特点，运用能量意外释放理论对事故进行原因分析。

（1）能量识别与分布。依据能量意外释放理论可知，主要能量体有 14 个，可分为四类：架桥机、架桥机驾驶司机（1 人）、44 号墩上部观测人员（2 人），44～45 号桥面观测人员（10 人）。其中架桥机能量体主要携带重力势能与动能，其他能量体主要携带重力势能，能量种类与大小见表 18-3，分布情况如图 18-5 所示。根据能量大小可知，架桥机携带能量占总能量的 99.88%，远超过其他能量体。从人员作业环境危险程度分析，事故中所有人员均属于高危作业，其中 44 号墩上部观测人员危险程度最高，架桥机驾驶司机危险程度次之，其他人员危险程度相对较低。

表 18-3　事故前能量体携带能量种类与大小

能量体类别	数量	能量种类及大小		占总量比重
架桥机	1	重力势能：1.463×10^8 J	动能：4.35×10^5 J	99.88%
架桥机司机	1	重力势能：1.99×10^4 J		0.013%
44 号墩上部观测人员	2	重力势能：1.30×10^4 J × 2		0.017%
44～45 号桥面观测人员	10	重力势能：1.30×10^4 J × 10		0.09%

注：表中数据为粗略计算，架桥机质量为 580t，前进速度为 1.5m/min，人员质量均为 70kg，重力加速度 $g = 9.8$m/s²。

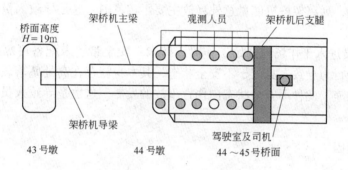

图 18-5　事故能量体分布图

（2）事故能量转移过程：

1）架桥机辅助支腿行走，台车右侧行走轮内部环形轴承架发生损坏，即主梁和导梁连接支撑系统右侧损坏，使得设备产生振动变为不稳定状态。驾驶司机发现振动后，按下急停按钮。此过程中，架桥机的前进动能自身吸收变为零；主梁重心发生偏移，其重力势能部分转化为动能，但受架桥机后支腿约束，此部分动能被后支腿吸收后传递给桥梁主体，后导入地下。

2）导梁靠近 44 号墩一端开始下沉，部分重力势能不断转化为动能。转化后的动能一部分牵引主梁，共同倾覆；一部分受 43 号墩反作用力约束，被吸收；剩余部分传入大地。在这一过程中，架桥机司机、44 号墩上部观测人员均由稳定状态转化为不稳定状态。司机由于受到驾驶室约束，又转为稳定状态；但 2 名观测人员无缓冲约束与安全防护，重力势能转化为动能，最终通过身体撞击地面将能量传入地下，造成人员伤亡。

（3）能量控制角度分析问题：

1）架桥机携带能量巨大，应作为重点能量控制对象，保证其携带能量能够合理工作使用，完成相应的任务。但本事故中，架桥机全过程能量控制存在诸多问题，随着层层安全隐患的叠加，最终导致其携带能量发生意外释放，造成人员伤亡和经济损失。主要问题如下：

① 制造商在设计过程中，未充分考虑架桥机使用时的安全因素，尤其是未对重点易损部位的使用寿命、更换日期、检修范围等重要安全参数进行可靠性评定与详细说明，这使得设备出厂时本身就存在设计方面的安全隐患，属于能量意外释放的最根本因素。

② 设备的围护保养单位，主要保证架桥机的正常使用、检查维修等工作。在架桥机的使用过程中，养护单位并未发现设备设计问题；同时，其自身未形成长效的设备检查维修机制，存在诸多安全管理、教育等方面的问题，使得架桥机失去一项能量控制环节，为事故的发生起到开绿灯的作用。

2) 本次事故伤亡人员，在架桥机能量意外释放后，一方面存在导梁倾覆时携带能量对观测人员身体产生冲击伤害的危险；另一方面，导梁倾覆使观测人员身体高处坠落，激发观测人员自身携带的重力势能转化为动能，与地面产生相互作用，导致身体或生命遭受损害。主要问题如下：

① 最初架桥机能量开始意外释放时，架桥机司机及时发现设备出现异常状况，但未能及时告知所有观测人员，尤其是44号墩上部观测人员，即44号墩上部观测人员未能及时离开危险区域，远离架桥机能量意外释放主要影响范围，这是导致人员伤亡的重要因素之一。

② 受害人员进入工作场地开始工作时，就未系安全带、未配备可靠的防护用具，属于人员的不安全行为导致自身处于不安全状态，其本身就存在高处坠落较大可能性，导梁倾覆只是激活加速了此种不安全状态向伤亡事故的发展，这也是导致人员伤亡的重要因素之一。

18.2.2　直接原因

应用事故致因理论分析得出事故直接原因分析表，见表18-4。

表18-4　事故直接原因统计表

直接原因	人的原因	① 作业人员使用架桥机前未对其易损关键部位进行检查； ② 高危作业时系安全带； ③ 作业人员未能及时发现并撤离
	物的原因	① 架桥机右侧行走轮轴承架有一定损坏，属于带"病"使用； ② 架桥机无报警装置

（1）架桥机辅助支腿行走台车右侧行走轮轴承内部环形轴承架发生损坏，轴承架半扇破损、断裂，其包裹轴承滚珠发生移位、散落，轴承转动机构卡死，致使作业人员在操作架桥机进行整机纵移过孔过程中，行走台车及芯盘转向机构向右偏转，主梁重心发生偏移，造成架桥机整体失稳倾覆，是导致事故发生的直接原因和主要原因。

（2）现场作业人员进行主梁过孔作业前，未对架桥机重点易损部位进行安全检查，没有及时发现架桥机前辅助支腿行走台车右侧行走轮轴承存在的损坏现象，使得架桥机在非正常状态下进行工作，带"病"使用。

（3）虽然司机发现架桥机出现异常后立即按下急停按钮，但现场工作人员并未及时收到警示，继而未能及时撤离危险区域，造成不必要人员伤亡。

（4）架桥机观测人员在高危、场地狭窄的环境下作业时未系安全带，使自身以不安全状态进入工作。在架桥机坍塌后身体直接从高处坠落，造成不必要的伤害。

18.2.3 间接原因

应用事故致因理论分析得出事故间接原因分析表，见表 18-5。

表 18-5 事故间接原因统计表

	技术原因	架桥机制造商在向用户提供的产品使用说明书中，没有列明承载受力轴承的最大使用期限和更换周期
间接原因	管理原因	① 架桥机日常围护保养单位对设备检查维修落实不到位； ② 特大施工单位未督促架桥机养护单位进行安全检查
	教育原因	① 架桥机制造商安全教育不彻底，造成设备设计出现问题； ② 架桥机围护单位安全教育培训不够，作业人员疏于检查； ③ 特大桥施工单位安全教育不深入人心，安全责任不强

（1）郑州某有限公司作为肇事架桥机（型号：HZQ900t）的生产制造厂商，在产品设计、制造过程中，未针对该型号架桥机的荷载要求，对重要易损部件架桥机前辅助支腿行走台车、行走轮轴承的最大使用寿命、疲劳损坏时间等重要安全参数进行可靠性评定实验，没有准确计算出该部位承载受力轴承的最大使用期限，从而在向用户提供的产品使用说明书中，没有列明承载受力轴承的最大使用期限和更换周期，致使轴承内部在长期高强度荷载状态下，产生疲劳损坏。

（2）由事故中作业人员疏于对设备关键、易损部位的检查，作业时不系安全带等现象可见，架桥机维护保养单位在日常工作中，安全教育、管理工作不到位，人员存在安全隐患意识不强、工作不规范、具有随意性等问题。

（3）该特大桥施工单位，未认真督促架桥机操作、维护、保养单位加强对架桥机重点易损部位的安全检查，这说明安全教育不深入人心，人员安全责任感不强。

18.3 事故性质认定

经调查认定，这是一起主要由重型起重设备在设计制造环节对重点易损部位安全因素考虑不足，设备出厂后缺乏重要安全事项告知，且在设备使用过程中安全管理不力，相关单位职责履行不到位导致的生产安全事故。

18.4 整改措施及建议

针对事故致因理论的分析，其整改措施及建议如下：

（1）架桥机生产单位在架桥机等重型机械设备设计、制造中，要针对重型机械设备的荷载要求，对包括承载受力轴承在内的易损重要部件的最大使用寿命、疲劳损坏时间等重要安全参数进行可靠性评定实验，准确计算出重要易损部件的最大使用期限，并在向用户提供的产品使用说明书中详细说明。根据能量意外释放理论，架桥机携带能量巨大，应作为重点能量控制对象。

（2）架桥机制造商需建立更加完整的设计系统，尤其是将安全理念放在重中之重的位置，充分考虑架桥机现场使用情况，力求设备本身无安全隐患。此外，由于架桥机本身还可加入坍塌预警系统、能量约束或转移系统，确保架桥机某部分能量意外释放时，能够及时受到阻碍和约束。

（3）架桥机还应设计安全警报装置，不论是驾驶司机还是现场观测人员，任何一方发现安全隐患后，可立即启动安全报警装置，保证现场人员及时撤离，以免造成不必要的伤害。

（4）高危作业，现场人员防护措施须到位。高危作业人员均应系安全带，这是防止高处坠落事故发生的最有效手段。此外，高危作业人员还可穿着气囊衣，以减弱高处坠落造成的伤害。且此前发生过的架桥机坍塌事故中，观测人员随架桥机一同坠海死亡事件，通过气囊衣还可增大作业人员的浮力，防止淹溺事故的发生。

（5）架桥机使用、维护单位自身与架桥机制造商应建立长效的大型机械设备安全检修机制，可对架桥机携带能量控制增加一层保障。这样可及时发现设备存在的安全隐患和问题，加强重点易损部位的维护、保养，并及时与设备生产厂家联系，更换损坏部件，确保重型机械设备安全使用。从成本角度考虑，及时的检查维修成本远小于事故发生后造成的损失。

（6）应加强架桥机作业人员的安全管理。第一，企业要建立相应的安全生产管理制度，制定相应的事故防范预案。第二，形成上下级之间、同级之间的安全监督，提高作业人员的安全责任，建立有效的奖惩制度，将安全措施落实到位。第三，确保安全投入的力度，保证现场作业人员防护设施的数量和质量，力求将事故对人员的影响降到最低。

（7）施工单位应组织全线施工单位深入开展以预防施工起重机械坍塌事故为重点的安全生产大检查，严格落实安全生产主体责任，切实加大起重机械等大型设备在安装、检验、操作、使用和防护等环节的安全管理，有效防范各类事故发生。

（8）应对架桥机现场作业人员进行事故应急演练，保证事故发生时能够迅速做出有效反应，及时控制现场不稳定的能量或者及时从不稳定能量影响区域撤离。

（9）现场各单位工作人员均应进行事故模拟体验，让每一位工作人员深刻体会到生命的重要性。做到人员之间、单位之间能够相互监督，及时排查现场安全隐患，以降低事故发生的概率。

19 塔吊起重伤害事故案例分析

19.1 事 故 概 况

19.1.1 事故过程

2012 年 6 月某日，某建筑工地塔吊发生倒塌事故，塔吊大臂砸压在东二环立交桥上，导致四人受伤，四辆车不同程度受损（见图 19-1）。截至事故发生时，该项目无规划许可证、施工许可证。

图 19-1 事故现场

19.1.2 事故特征

该起事故造成 1 人重伤、4 人轻伤，根据《生产安全事故报告和调查处理条例》可判为一般事故。针对该起事故，可将事故特征列表分析，表 19-1 为事故基本特征数据统计表，表 19-2 为事故伤亡特征数据统计表。由于 2 名工人的不规范操作，直接导致该事故的发生，在相关部门的紧急救援下，减小了事故的破坏程度。2 名工人盲目拆除顶升套架及标准节螺栓，致使塔吊发生倾翻，导致现场 1 名混凝土工重伤，3 名行人轻伤。受伤后，重伤人员得以及时治疗，2 名轻伤人员也及时得到赔偿。

表 19-1 事故基本特征数据统计表

天气	晴	企业资质	建筑工程 1 级	作业环境	良好	发生位置	工地西北角
时间	13 时	安全员人数	1 人	相关机械设备	塔吊	伤亡人数	受伤 4 人
防护措施	未采取有效的防护措施						
应急措施	现场安全警戒，车辆迅速撤离					应急效率	及时

表19-2　事故伤亡特征数据统计表

伤亡人员王某	年龄	31	工种	—	受教育程度	高中	伤害方式	运动物撞击
	性别	男	来历	农村	伤害部位	头部	伤害性质	轧伤
	伤害分类	轻伤	致害物	重力运动伤害	伤害救治	受伤后及时治疗		
	起因物	工人不规范操作			不安全行为	操作错误		
伤亡人员王某	年龄	51	工种	—	受教育程度	高中	伤害方式	运动物撞击
	性别	男	来历	农村	伤害部位	胸	伤害性质	轧伤
	伤害分类	轻伤	致害物	重力运动伤害	伤害救治	受伤后及时治疗		
	起因物	工人不规范操作			不安全行为	操作错误		
伤亡人员刘某	年龄	25	工种	混凝土	受教育程度	初中	伤害方式	运动物撞击
	性别	女	来历	农村	伤害部位	头部	伤害性质	轧伤
	伤害分类	重伤	致害物	重力运动伤害	伤害救治	受伤后及时治疗		
	起因物	工人不规范操作			不安全行为	操作错误		
伤亡人员王某	年龄	25	工种	—	受教育程度	—	伤害方式	运动物撞击
	性别	男	来历	农村	伤害部位	腿	伤害性质	轧伤
	伤害分类	轻伤	致害物	重力运动伤害	伤害救治	受伤后及时治疗		
	起因物	工人不规范操作			不安全行为	操作错误		

19.2　事故致因分析

19.2.1　致因理论分析

对事故选用轨迹交叉理论进行研究，原因如下：此事故发生各因素之间的连锁关系是复杂的、随机的，前面的因素发生导致后面一系列的因素发生，最终导致事故的发生。同时事故是与人的不安全行为和物的不安全状态同时相关的。该事故中人和物的因素在事故原因中占有同等重要地位，通过消除人的不安全行为或物的不安全状态或者避免二者运动轨迹交叉均可避免事故的发生。

对于此次事故，很显然也分为人和物的两大发展系列。

（1）对人的因素应分为五方面：

1）塔吊租赁安装机构现场负责人、安全管理人员、塔吊安装作业人员、塔吊司机现场安全管理不到位，职工安全意识教育和安全操作规程的培训不扎实，现场安全管理人员安全意识淡薄，特别是2012年6月某日组织人员在项目工地进行塔吊安拆作业中，未按方案规定配备人员，指定的现场负责人和安全员没有认真履行职责。

2）项目部，项目负责人、技术负责人和现场安全管理人员未按安全生产法规要求认真履行安全管理职责，施工现场安全生产综合协调监管不到位，现场安全管理松散，安全检查不扎实、不到位。

3）监理单位监理人员履行职责不到位，其编制监理实施细则中，没有塔吊设备的安全监管实施细则，特别是在2012年6月某日项目工地进行塔吊安装过程中，没有安排具有相应资质的监理进行旁站，而实施旁站的监理工程师刘某未能按监理要求组织和督促总包单位项目部技术人员、安全员进行认真的安全检查。

4）塔吊销售单位未指派现场安全管理人员。到场作业的2名人员，1名作业开始前离开，留在现场的调试作业人员曾某，在塔吊安装不完整，安全统一协调不到位情况下进行交叉调试作业。

5）建设单位对委托的工程监理单位、总承包单位项目部和承租单位的安全生产统一协调工作不严密。

（2）从物的角度来讲，主要存在使用、运转的缺陷。

由于2名操作人员违章操作，盲目拆除顶升套架及标准节螺栓，致使塔吊发生倾翻。根据轨迹交叉理论，人的因素与物的因素运动轨迹的交点就是事故发生的时间和空间。因此，当该公司管理的缺陷、工人的行为失误与作业环境的缺陷同时发生时，便导致了本次事故的发生（见图19-2）。

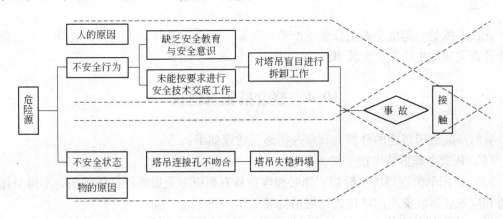

图19-2 轨迹交叉模型图

19.2.2 直接原因

（1）未按方案规定配备人员。

（2）指定的现场负责人和安全员没有认真履行职责，未能按安全技术交底要求，在统一指挥下相互配合协调作业。

（3）对连接孔不吻合的危险因素分析不够，致使作业人员杨某、袁某2人在外套架和下回转支撑未连接、塔吊未真正平衡的情况下，直接盲目拆卸掉连接标准节和下回转支撑的螺栓螺帽，导致塔吊平衡失控倾翻。

19.2.3 间接原因

（1）技术原因。项目部组织技术和安全人员对已安装情况进行检查时未能及时发现连接孔不吻合存在的安全隐患；对公司次日继续安装人员履行方案和资质情况没有审查；安装过程中技术人员不在现场，旁站的安全员陈某没有认真履行安全员职责，未实施有效的现场安全检查。

（2）管理原因：

1）没有安排具有相应资质的监理进行旁站，且实施旁站的监理工程师未能按监理要求组织和督促总包单位项目部技术人员、安全员进行认真的安全检查，没有发现和制止安装人员严重违规作业的行为，履行职责不到位。

2）塔吊销售单位未指派现场安全管理人员。到场作业的2名人员，1名作业开始前离开，留在现场的调试作业人员曾某在塔吊安装不完整，安全统一协调不到位情况下进行交叉调试作业。

3）建设单位安全生产统一协调工作不严密。

（3）教育原因。对作业人员的安全教育不到位，致使作业人员杨某、袁某2人在外套架和下回转支撑未连接，塔吊未真正平衡的情况下，直接盲目拆卸掉连接标准节和下回转支撑的螺栓螺帽，导致塔吊平衡失控倾翻。

19.3　事故性质认定

此次事故是一起由于施工安全生产管理疏漏，安全检查督促不到位，操作工人违规安装作业而造成的生产安全责任事故。

19.4　整改措施及建议

针对事故致因理论的分析，其整改措施及建议如下：

（1）认真办理拆装申报手续。

（2）使用单位进行塔吊拆装工作必须选择具有相应专业资质的队伍承担，不得委托未取得相应专业拆装资质的单位进行塔吊拆装工作。

（3）认真编制拆装方案，进行安全技术交底。进行塔吊拆装前，拆装单位必须编制详细的、切实可行的拆装方案，要将编制依据、工程概况、基础施工、塔吊安装、安全措施等内容写入方案且审核批准签署齐全，并报委托单位批准后执行。塔吊拆装作业前，拆装单位应认真向全体施工人员进行安全交底，且要办理安全技术交底确认手续。

（4）严格按拆装程序拆装。进行拆装作业过程中，必须根据不同型号规格塔吊的具体要求，严格按拆装程序作业，以防造成事故。

（5）做好拆装设备的选用。塔吊拆装前，应根据施工现场情况及最大结构件重量、安装高度等选择相应的起重设备。

（6）做好拆装现场的安全防护措施。设立警戒标志，设置安全标语，配备安全员负责现场安全工作。

（7）及时办理验收手续和准用证。塔吊安装完成后，必须及时请政府主管部门进行现场验收，颁发《准用证》。

（8）记录好拆装档案。使用单位要将塔吊的拆装技术资料按规定整理记入设备管理档案。

（9）加强塔吊的使用管理。使用管理是设备管理的重要环节，是保证在用机械设备始终处于良好的技术状态，确保设备安全运行的关键。

1）建立塔吊单位技术档案。

2）坚持持证上岗制度，确保安全操作、指挥。塔吊的操作和指挥人员必须经过专门安全技术培训，经考试合格取得操作证后方可上岗。严禁非操作人员、非专业指挥人员和无证人员上岗作业，此条是使用环节最关键和根本的条件。根据轨迹交叉理论，控制人的不安全行为，防止人的原因和物的原因接触从而导致事故发生。

3）加强塔吊运行记录管理。塔吊操作人员要认真做好设备运行的填写，确保填写信息及时、真实、准确。

4）加强日常检查和保养工作。塔吊操作人员要按设备管理制度的规定认真对塔吊进行日常检查，要全面细致检查，重点部位、重要装置要认真仔细检查，发现问题及时处理。

5）严格执行维护保养制度，做好塔吊的维修保养工作。要坚持定期保养制度和定项检修制度，坚持按维修、保养规程对塔吊进行维修和保养，使设备不拖保失修。

6）严格按照塔吊使用说明书标明的参数进行作业，严禁超限、超载使用。

7）认真执行国家和行业等政府主管部门关于淘汰更新老旧设备的规定，及时淘汰更新该类设备，凡国家和各级政府明令淘汰的各种塔吊必须停止使用。

8）经常检查塔吊力矩限制等安全装置是否有效。

（10）加强塔吊采购管理。通过加强塔吊的采购环节的管理，从源头上杜绝质量低劣设备进入施工企业和施工现场，确保员工生命财产安全与健康，避免造成不良后果和损失。

1）购买塔吊时，要选购有政府主管部门颁发生产许可证的厂家的对应型号的塔吊。

2）在购买塔吊时，要货比三家，优中选优，确保采购安全放心的合格塔吊。

3）购买塔吊到货验收时，要把好验收关。

（11）建筑施工企业及其项目部要高度重视塔吊操作、指挥和拆装人员的教育培训，形成制度，确保全体人员都能达到技术和安全管理制度的要求。

（12）要重点进行安全法规、相关标准规范、塔吊管理制度、塔吊拆装工艺、塔吊操作规程等方面的教育培训，结合典型拆装案例、典型事故案例、典型塔吊的使用操作进行培训。

20　物体打击事故案例分析

20.1　事故概况

20.1.1　事故过程

某机关综合办公楼工程，地下2层，地上18层，框架—剪力墙结构。首层中厅高12m，施工单位编制的模板支架专项施工方案为扣件式钢管满堂脚手架。在中厅钢管满堂脚手架搭设过程中，一架子工(有特殊工种操作上岗证)因身体不适需要下架休息，便随手将正在使用的扳手放在脚手架上。脚手架因架子工下架攀爬受到振动，将扳手摇落下来，滑落的扳手顺着脚手架下方楼板的一预留洞口(平面尺寸0.25m×0.55m)落下，此时李某正在地下室施工，安全员多次警告，仍未佩戴安全帽，扳手落下后砸在李某头顶上，造成李某当场死亡。

20.1.2　事故特征

该起事故造成1人死亡，根据《生产安全事故报告和调查处理条例》可判为一般事故。针对该事故，其基本特征数据与伤亡数据见表20-1、表20-2。根据表中的数据可知，施工现场施工人员带病作业且安全意识不高，并未正确佩戴安全帽，管理人员安全工作无法落实。事故发生后应对措施及时，但伤势严重，最终抢救无效死亡。

表20-1　事故基本特征数据统计表

天气	晴	企业资质	建筑工程1级	作业环境	干燥	发生位置	建筑一层中厅
时间	16时20分	安全员人数	—	相关机械设备	无	伤亡人数	1人死亡
防护措施	未佩戴安全帽						
应急措施	立即送往医院				应急效率		及时

表20-2　事故伤亡特征数据统计表

	年龄	45	工种	普工	受教育程度	初中	伤害方式	物体打击
伤亡人员 李某	性别	男	来历	农村	伤害部位	颅脑	伤害性质	冲击
	伤害分类	死亡	致害物	扳手	伤害救治	抢救无效死亡		
	起因物	不慎下落的扳手		不安全行为	未佩戴安全帽			

20.2　事故致因分析

20.2.1　瑟利事故模型理论应用

该起事故的发生是由于人员对周围环境做出了错误的判断，因此在这里用瑟利模型来研究危险出现与危险释放两个阶段人对信息的处理情况，从而研究事故发生的根本原因。通过瑟利模型事件表和瑟利物体打击事故模型，找出事故发生的原因并提出应对预防的思路（见表20-3、图20-1）。

表 20-3 瑟利模型事件表

符　号	事件名称	符　号	事件名称
x_1	对危险的构成有警告么	y_1	对物体打击的显现有警告么
x_2	感觉到警告么	y_2	感觉到警告么
x_3	认识到警告么	y_3	认识到警告么
x_4	知道如何避免警告么	y_4	知道如何避免警告么
x_5	决定采取行动么	y_5	决定采取行动么
x_6	行为影响能够避免么	y_6	行为影响能够避免么

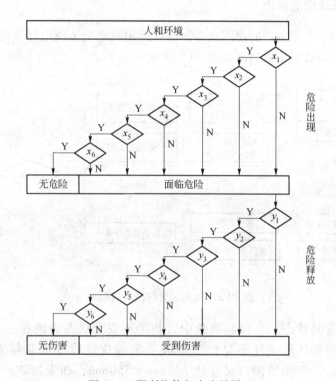

图 20-1 瑟利物体打击事故模型

（1）对危险形成及感知的认识。任何危险的出现或释放都伴随着某种变化，有些变化易于察觉，有些则不然，而只有使人感觉到这种变化或差异，才有避免或控制事故的可能。感觉和认知危险需要人员的感觉能力，并避免环境对人的影响。在该项目中，对于施工员的不安全行为往往都有警告标志，如佩戴安全帽高处坠物警示标志。尽管如此，李某还是并未佩戴安全帽，安全员也未行驶其终止作业的权利，架子工明知身体不适还是继续作业。

（2）危险的认知及行为相应。工作人员不具备足够的知识和技能，直接的操作失误，会导致危险源的出现，在出现危险之后，不能正确地判断危险源可能导致的物体打击后果，轻视危险源等会导致危险进一步扩大，或认识危险但不知道如何避免以及反应失误，反映出工作人员专业素质和能力的缺乏。在物体打击形成的初期阶段，工作人员不能及时发现架体存在的危险源，发现未佩戴安全帽不能有效制止，是物体打击形成的间接原因，这些都说明该工程项目部的消防安全管理制度不健全，员工安全防护素质低等问题。

（3）物体打击警告及现场环境的感知。扳手放置在稳定性不强的脚手架上，架子工自身身体不适这种危险警告是架子工能够感知到的，同时架子工作业时附近的安全员也应该对于这种危险行为发出警告，但是架子工安全意识差，安全人员职业素质导致延误了预防物体打击发生的最佳时机。

（4）物体打击认知和急救行为。由于施工现场离市区较远，受伤人员不能得到及时有效的救治措施，导致伤情加重、死亡。

20.2.2　轨迹交叉理论的应用

在该起事故中，引发事故的原因众多，因此运用轨迹交叉理论可以更好的分析在各个危险同时暴露时，事故发生的情况如图 20-2 所示。

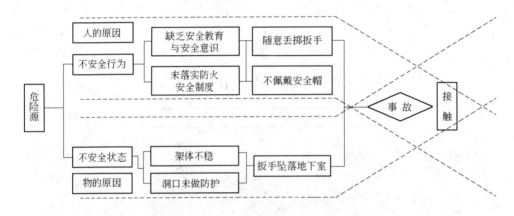

图 20-2　轨迹交叉打击事故模型

（1）物的不安全状态。在该起事故中，物的不安全状态表现在三方面：一是脚手架随意搭设，导致架体稳定性不足；二是扳手未按规定收放而是随意放置在满堂架上，且未加固定；三是预留洞口尺寸达 250mm × 550mm，却未加防护。

（2）人的不安全行为。在该起事故中人的不安全行为有三方面：其一，架子工随意放置劳动用具且违章搭设脚手架；其二，地下室施工人员作业过程未佩戴安全帽；其三，安全员对上述不安全行为未加制止。

轨迹交叉理论表明这起事故发生的原因为人的不安全行为和物的不安全状态同时发生，或者说是人的不安全行为与物的不安全状态相遇，则在此时间、空间发生事故。

20.2.3　直接原因

应用事故致因理论分析得出事故直接原因分析表，见表 20-4。

表 20-4 事故直接原因统计表

直接原因	人的原因	① 架子工违规作业； ② 架子工身体不适； ③ 李某及安全员忽视安全
	物的原因	① 脚手架的搭设质量； ② 扳手随意放置

（1）人的原因。架子工原来有贫血病（事故发生后体检结果：贫血＋＋＋）。带病工作且违规作业，将暂时不用的工具随意放在脚手架上。同时地下室施工的李某认为在室内的楼板下作业没有危险，把安全帽脱下扔在一旁，巡视的安全员没有批评教育，也没有督促他重新戴上安全帽，两人安全态度差，安全意识薄弱。

（2）物的原因。施工中的中厅室内高度达到 12m，架子工属于高空作业。脚手架搭设不合格，没有随搭固定，扫地高设立不全面，架体稳定性与刚度不足，导致架体受载荷晃动剧烈。

20.2.4 间接原因

应用事故致因理论分析得出事故间接原因分析表，见表 20-5。

表 20-5 事故间接原因统计表

间接原因	技术原因	脚手架未按规范固定
	管理原因	① 施工项目部对施工现场的安全防护不到位； ② 审批手续不合规范； ③ 特种作业人员未定期体检； ④ 安全员玩忽职守
	教育原因	施工人员与管理人员安全意识欠缺

（1）技术原因。架子工并未按照《建筑施工扣件式脚手架安全技术规程》（JGJ 130—2011）中的规范要求操作。架体设立纵横向扫地杆，扫地杆设立在基础平面 200mm 的立杆上，立杆之间必须设满双向水平杆保证设计刚度，水平杆在转角处必须交圈。架体与混凝土框柱进行有效的附墙连接。

这些措施都是为了保证满堂架的刚度与稳定性，但是在施工的过程中，架子工并未按照相关规范搭设脚手架。

（2）管理原因。首先，模板支架专项施工方案在施工企业项目经理审批后实施，未经监理审批，不符合相关规范。其次，施工项目部对施工现场的安全防护不到位，平面尺寸 250mm×550mm 的预留洞口无防护，这是不合理的。

（3）教育原因。事故调查组对施工单位检查发现，施工单位对员工进行的三级教育落实不彻底，只是"走形式、摆样子"。架子工作业相关的技术交底也落实不彻底。

20.3 事故性质认定

该建筑施工过程中脚手架的搭设，安全员的安全管理，专项方案的审批实施等诸多方面，都严重违反了国家相关的规定要求。施工单位严重忽视施工现场的作业安全。经调查认定，这是一起由于施工单位安全员职责履行不力与施工人员违规操作而导致的安全责任事故。

20.4　整改措施及建议

通过对该事故运用瑟利模型与轨迹交叉理论致因分析，现已明确施工现场存在的问题和不足，整改措施及建议如下：

（1）登高作业中暂时不用的工具应放在工具袋内，不随意放，不随意丢。

（2）加强对脚手架搭设质量的控制，脚手架在搭设过程中应边搭设边加固。

（3）楼板面等处边长为 25~50cm 的洞口，应用竹、木等作盖板盖住洞口，盖板的四周应能保持搁置均衡、固定、牢靠，盖板应有防止挪动移位的措施。

（4）避免交叉作业，施工计划安排是，尽量避免或减少同一垂直面的立体交叉作业，无法避免时，应设置隔离层。

（5）对特种作业人员要组织定期体检并记录在案。

（6）施工现场的安全员应选择爱岗敬业的人员担任。

（7）模板支架的搭拆方案应在监理单位审批后实施。

（8）脚手架搭设、拆除作业时，需设置警示区。

（9）佩戴安全帽是防止物体打击事故发生的有效措施，因此进入施工现场的所有人员都必须佩戴符合安全标准、经过质量认定的安全帽，并系帽带。

（10）加强安全员的培训教育并通过培训学习取得上岗证，教育施工人员养成戴好安全帽的习惯，提高自我防护意识。

21 机械伤害事故案例分析

21.1 事故概况

21.1.1 事故过程

某建筑工程为剪力墙结构，地下2层，地上33层，总高98米，总建筑面积4.9万平方米，事故发生时已施工至15层，正在施工地下热交换间筏板。

2013年7月23日下午4时左右，施工现场正在进行基础筏板混凝土浇筑分项工程（属于地下热交换间子分部工程）。4点20分泵车一切准备就绪，四个支撑臂和立柱张开，左侧两个液压柱支撑于道路路面，右侧两个液压柱支撑于人行道路面，等待混凝土运输车辆到来。

16点30分第一辆混凝土运输车到达泵车喂料口，开始西边集水坑坑底混凝土浇筑，16点40分西边集水坑混凝土浇筑完成。随后，泵车大臂调整到东边集水坑位置，泵车大臂呈直线状态，集水坑距泵车直线距离约40m，泵车操作人员站在基坑顶部，视线良好，按喇叭鸣笛后，开始给泵车喂料斗放入混凝土，泵车开始工作，流出混凝土。浇筑过程中，突然泵车车体发生晃动，接着人行道上支设的右前侧液压支撑开始下沉，车辆重心开始向南侧倾斜偏移，泵车从晃动到停止下沉用时约2秒，泵车停止晃动后，右前侧液压柱沉入土中约1.2m左右，泵车尾部翘起。泵车发生晃动后基坑上部泵车操作人员及劳务公司管理人员大声向坑底筏板作业面人员喊话，要求赶紧向南侧撤离。

由于事件发生极其迅速，将1名用肩膀顶住端部软管、双手抱着泵管、配合浇筑混凝土的工人混某压在泵管臂下，事故发生后立即送往医院抢救，不幸身亡。

21.1.2 事故特征

该起事故造成1人死亡，根据《生产安全事故报告和调查处理条例》可判为一般事故。该事故发生时间为16：40，事故发生前，现场3名工人正在基坑底部筏板上进行混凝土浇筑；事故发生时，混凝土泵车压在作业人员的身上，致使1人死亡。其基本特征数据与伤亡数据见表21-1、表21-2。

表 21-1 事故基本特征数据统计表

天气	多云	现场人数	3	作业环境	潮湿	发生位置	筏板上
时间	16时40分	安全员人数	1	相关机械设备	混凝土泵车	伤亡人数	1人死亡
防护措施	无						
应急措施	立即送往医院救治					应急效率	及时、无效

表21-2　事故伤亡特征数据统计表

伤亡人员混某	年龄	—	工种	瓦工	受教育程度	—	伤害方式	机械
	性别	男	来历	农村	伤害部位	全身	伤害性质	挤压
	伤害分类	死亡	致害物	泵送管臂	伤害救治		抢救无效死亡	
	起因物		泵车右前侧液压柱		不安全行为		人为支撑泵送管大臂	

21.2　事故致因分析

21.2.1　能量意外释放理论应用

该起事故的本质是由于能量传递时，传送装置失去控制引起的，具有突发性与不可控性。运用能量释放理论可以全面概括，阐述伤亡事故的性质，分析在事故中，能量的变化与传递方式，从控制能量方面找出针对事故的整改措施与预防方法。

依据能量意外释放理论，分析事故中的能量体数量。事故中主要能量体有3个，可分为三类：泵车（车体、泵臂），混凝土、人体。其中，泵车车体与泵臂能量体主要携带重力势能，泵送混凝土携带能量为重力势能与动能，人体携带的能量为生物能，能量种类与大小见表21-3。根据能量大小可知，泵车（车体与泵臂）携带能量占总能量的96.2%，远超过其他能量体。从人员作业环境危险程度分析，事故中所有人员属于高危作业，人体支撑泵送管壁属于违章作业。

表21-3　事故前能量体携带能量种类与大小

能量体类别	数量	能量种类及大小	占总量比重
泵车（车体、泵臂）	1	重力势能：22680J	96.2%
混凝土（流速）	100m³/h	重力势能：2940J，动能：3724J（泵管内混凝土）	2.6%
人体	1	生物能：2940J	1.2%

注：表中数据为粗略计算，架桥机质量为18900kg，泵车内最大混凝土量为0.8m³，泵送管道内混凝土流速约为3m/s，重力加速度 $g = 9.8$ m/s²。

（1）事故能量转移过程：

1）泵车支撑面承载力不足，泵送时泵车右前侧液压柱下陷，泵车车体重心向南倾斜，重力势能转化为动能。这部分动能传递给地面，使泵车右侧支撑沉入地面约1.2m，并翘起车尾；另一部分能量传递给泵臂，使泵臂能量增加，在车体倾斜的过程中，泵臂本身的重力势能转化为动能。事故受害者接收了泵臂的动能。

2）人体在施工的过程中，作业人员用肩膀顶住端部软管，双手搀扶泵管将泵管抬高，这时，人体的生物能转化为泵管（泵管本身、泵管内的混凝土）的重力势能，人体总能量在泵送过程中不断减小。

3）混凝土在输送时，由于泵车提供动力，这部分动力转化为动能与重力势能，事故发生后，泵臂坠落，混凝土能量完全转化为动能，并作用于人体与地面。

（2）能量控制角度分析问题：

1）泵车车体携带能量巨大，应作为重点能量控制对象，保证其携带能量能够合理工作使用，完成相应的任务。但本事故中，架桥机全过程能量控制存在诸多问题，随着层层安全隐患的叠加，最终导致其携带能量发生意外释放，造成人员伤亡和经济损失。主要问题为泵车固定时忽视了对地面承载力的计算，泵送时地面承载力不足，导致泵车失稳倾斜，泵臂坠落。

2）本次事故伤亡人员，在泵车与混凝土能量释放时，将动能传递给人体，而人体在将动能传递给地面的过程中，受到强大的冲击力导致死亡。

21.2.2　轨迹交叉理论应用

该起事故主要是由于管理人员监管不到位，作业人员忽视安全、违规作业引起的事故，但也不能忽视事故中泵车本身也处于极不安全的状态。运用轨迹交叉理论将人的因素与物的因素放在同等地位，从避免两种不安全状态接触的角度去分析事故，得到较为客观准确的整改与预防方法。

（1）物的不安全状态。在该起事故中，物的不安全状态表现在两方面：其一，车体搭设前未进行路基承载力计算，导致底部承载力不足；其二，车体泵送前应绕车身一周检查车体情况，本事故中车体右前侧压柱下陷。

（2）人的不安全行为。在该起事故中，人的不安全行为主要为用身体支撑泵送管壁。泵送时，泵车不断在高低压之间转换，泵送管道并不平稳，同时管壁重量也很大，人体很难长期支撑。

单纯的人的不安全行为或者是物的不安全状态并不会造成事故的发生。轨迹交叉理论表明这起事故发生的原因为人的不安全行为和物的不安全状态同时发生，或者说是人的不安全行为与物的不安全状态相遇，则在此时间、空间发生事故（见图21-1）。

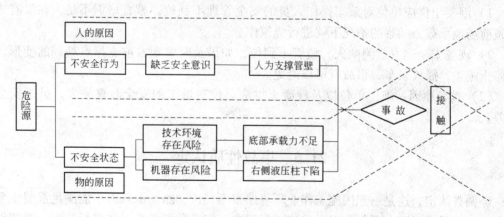

图 21-1　轨迹交叉事故模型

21.2.3　直接原因

（1）人的原因：

1）受害者及现场操作人员安全意识差，违反安全管理规定。混凝土进行泵送浇筑时，管臂重量大，人为支撑混凝土泵送管壁本身就存在一定的风险，根据安全人机工程学，人体不适合这样的高强度劳动，在长期支撑之下，人体处于极度疲劳浑身无力或者发麻的状态，一旦发生事故，很难第一时间撤离，尤其是本次事故当中，从开始晃动到停止下沉一共用时 2 秒，死者根本来不及反应和逃离。因而，应该寻找机械支撑方式。

2）混凝土泵送软管以及死者这样一个组合本身就处于一个不安全状态，因为端部软管下垂，距筏板钢筋约 1.2m，死者混某用肩膀顶住端部软管，双手搀扶泵管，管口对准集水坑坑底，由于死者身高（脚到肩膀）超过这个高度，因此运输的混凝土的重量都要从他身上过，这样易造成过度疲劳，一旦发生事故没精力及时撤离。

（2）物的原因。由于前期勘察工作不到位，使得混凝土泵车右侧两个液压支撑处于不安全状态。

（3）环境原因：

1）工程技术环境：混凝土泵车操作人员在泵车作业前，没有认真对泵车液压柱支设位置进行勘察。在这样的技术环境之下，对泵车液压柱下底面支承力估计不足，泵车运行后液压柱基础在受到压力后无法支承泵车重量，从而导致泵车右前侧液压柱下陷，泵车重心向南倾斜，泵管臂突然下坠引发最终的损失和伤害。

2）工程管理环境：在施工作业之前没有一定的规章制度要求对施工环境进行检查，判断是否满足施工需要；对于人为支撑混凝土泵送管这样的劳动行为，没有合理的安全施工和管理规程。

3）劳动环境：人在基坑下面配合混凝土泵送机械进行混凝土浇筑工作本身就存在危险。

21.2.4　间接原因

（1）管理原因：

1）混凝土供应单位对泵车操作人员的安全管理不到位，教育培训不足，在没有进行浇筑前场地承载力勘察的情况下就进行浇筑作业。

2）现场安全巡查监测缺失、监管不到位，如果及时发现右前支撑点基础的变形，及时停止施工，撤离泵车，事故就可以避免。

（2）教育原因：施工单位以及混凝土供应单位对员工的安全教育缺失，员工安全意识差。

21.3　事故性质认定

经调查认定，这是一起因施工作业环境勘察不到位，路面承载力不能满足混凝土泵送过程的施工要求，而在混凝土泵送的施工过程中，安全监督检查工作有所缺失，没能够及时发现液压支撑处的变形进而采取应急措施，并且各单位安全教育不到位，作业人员安全意识差，自我保护能力不足，有关各方履行职责不到位而导致的事故。

21.4　整改措施及建议

通过对该事故运用能量释放与轨迹交叉理论进行致因分析，现已明确施工现场存在的

问题和不足,整改措施及建议如下:

(1)在施工过程当中,在对施工环境分析中得知施工现场复杂多变。施工环境对安全生产至关重要,且前项工程(工序)即为后项工程(工序)的环境,环境与施工方案密切相关。也就是说在本次事故中,混凝土泵车开进场之前,对于路面的承载力计算必须落到实处,而不是"感觉"没有问题,"应该"可以承受,使得势能无法转化为动能。

(2)地下热交换空间目前处于施工阶段,基坑周边要支设混凝土泵车,仍存在很多不确定性因素。泵车操作人员在操作过程中,要认真勘查现场情况,随时对泵车运行状况及泵车液压柱支撑情况和底面情况进行监测。

(3)安全生产的第一责任人必须提高对安全生产重要性的认识,树立以人为本的观念,认真贯彻《安全生产法》和《建设工程安全生产管理条例》,加大对安全生产的投入,设置安全管理机构、配备专职安全管理人员,使安全生产的各项措施落到实处。

(4)强化施工现场从业人员管理。本次事故当中,人为地去支撑混凝土泵送管本身就是违反安全施工规程的。施工现场从业人员是安全管理的关键主体,建筑行业属于安全事故多发的高危行业。因此,要不断加强对人员的管理,及时避免物体处于危险状态,同时人也能避免与危险源接触。

(5)增大对进行机械设备施工人员的安全教育频率。除了对机械设备作业人员进行安全技术知识教育外,还应组织观看一些机械伤害事故的案例,让其时刻牢记注意自身的安全,以提高他们的安全意识和自身防护能力。寻找机械伤害事故的发生规律,对其进行针对性的教育和控制,如节假日前后、季节变化施工前、工程收尾阶段等作业人员人心比较散漫时进行针对性教育,并组织开展机械伤害的专项检查,通过检查及时地将各种不利因素、事故苗头消灭在萌芽状态。

22　触电事故案例分析

22.1　事故概况

22.1.1　事故过程

　　某建筑工地施工员王某发现潜水泵无法启动，漏电开关指示灯变红，便要求电工将潜水泵电源线不经漏电开关接上电源。电工多次告知此行为的危险性，但王某执意接线，电工执行其指示。潜水泵再次启动后，无法抽水，王某拿一条钢筋欲挑起潜水泵，以检查潜水泵是否沉入泥里，在挑起过程中，王某触电倒地，经抢救无效死亡。

22.1.2　事故特征

　　该起事故造成1人死亡，根据《生产安全事故报告和调查处理条例》可判为一般事故。针对该事故，其基本特征数据见表22-1、表22-2。根据表中数据可知，现场天气为阴雨且作业环境较为潮湿，施工场地雨后比较杂乱，多处积水；事故发生时，王某虽及时抢救，但由于高压触电，身体被高温碳化，受伤过重，最终抢救无效死亡。

表22-1　事故基本特征数据统计表

天气	阴雨	企业资质	建筑工程1级	作业环境	良好	发生位置	建筑东侧
时间	16时	安全员人数	1	相关机械设备	潜水泵	伤亡人数	1
防护措施	潜水泵未连接漏电保护，施工员未穿戴绝缘手套、绝缘鞋						
应急措施	当场死亡，及时调查处理					应急效率	及时

表22-2　事故伤亡特征数据统计表

	年龄	38	工种	潜水泵操作工	受教育程度	初中	伤害方式	电击
伤亡人员王某	性别	男	来历	农村	伤害部位	全身	伤害性质	电伤、烧伤
	伤害分类	死亡	致害物	重力运动伤害	伤害救治	抢救无效死亡		
	起因物		潜水泵		不安全行为	不遵守安全用电规范		

22.2　事故致因分析

22.2.1　事故树理论应用

　　该事故因果关系复杂，造成事故的顶下事件较多，难以一一分析，运用事故树可以从结果到原因找出事故间各个因素的因果关系与逻辑关系，掌握本起触电事故的事故控制要点，并定量的分析计算出顶上事件（触电事故）的发生概率与各个因素的关系（见表22-3、图22-1）。

表 22-3　触电事故树事件类型

符　号	事 件 类 型	符　号	事 件 类 型
T	触电事故	x_2	不小心触碰危险源
A_1	人体接触带电体	x_3	绝缘防护失效
A_2	防护措施失效	x_4	防护用具不符合要求
B_1	触及设备中带电部位	x_5	接地不合格
x_1	违章带点作业	x_6	无防护措施

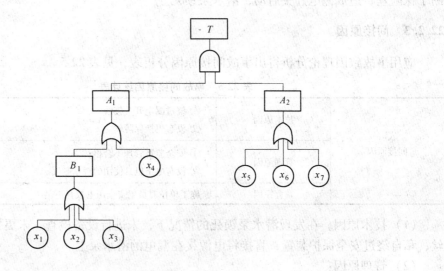

图 22-1　触电事故树图

用布尔代数计算该事故树的最小割集及最小径集：

计算得到12组最小割集：

$\{x_1,x_5\}$；$\{x_1,x_6\}$；$\{x_1,x_7\}$；$\{x_2,x_5\}$；$\{x_2,x_6\}$；$\{x_2,x_7\}$；$\{x_3,x_5\}$；$\{x_3,x_6\}$；$\{x_3,x_7\}$；$\{x_4,x_5\}$；$\{x_4,x_6\}$；$\{x_4,x_7\}$。

只要负荷一组割集，就能导致顶上事件（触电事故）的发生。在求取结构重要度时，为每个最小割集都赋值1，其中每个基本事件都平均得到一分，最后进行累计。通过计算得到的各个基本事件分值为：$x_1 = x_2 = x_3 = x_4 = 1.5$，$x_5 = x_6 = x_7 = 2$。

故该例事故结构重要度 $I_{\varphi(5)} = I_{\varphi(6)} = I_{\varphi(7)} > I_{\varphi(1)} = I_{\varphi(2)} = I_{\varphi(3)} = I_{\varphi(4)}$。

由此可见，基本事件 x_5、x_6、x_7 的结构重要度大于基本事件 x_1、x_2、x_3。在进行风险控制时，应优先考虑治理事件 x_5、x_6、x_7。

22.2.2　直接原因

应用事故致因理论分析得出事故直接原因分析表，见表22-4。

表 22-4　事故直接原因统计表

直接原因	人的原因	① 施工人员安全用电意识差，用钢筋挑起漏电潜水泵； ② 操作员与电工违规用电
	物的原因	① 潜水泵电线漏电； ② 接线错误

（1）人的原因。施工现场作业人员王某漠视安全用电规定，缺乏机电设备使用常识，贪图施工方便，要求电工在没有电流保护器的情况下接电，而电工在明知道此操作不安全的情况下，没有坚持安全规章，违章作业，执行了王某的要求。接上电源后，王某用钢筋挑起漏电的潜水泵，造成触电事故。两人安全意识缺乏是造成这件事故的主要原因。

（2）物的原因。经核查，施工所用的潜水泵存在安全隐患，输水管损坏造成短路，烧断了保险丝，造成漏电开关启动，潜水泵锁死。

22.2.3　间接原因

应用事故致因理论分析得出事故间接原因分析表，见表 22-5。

表 22-5　事故间接原因统计表

间接原因	技术原因	① 绕过漏电开关接线； ② 没有更换保险丝
	管理原因	① 安全监督管理不合格； ② 没有电工机具使用的规章制度
	教育原因	施工单位对员工安全用电教育不足

（1）技术原因。在发现潜水泵锁死的情况下，未进行设备检查、未更换漏电开关保险丝，私自绕过安全保护装置，直接将电源接在漏电的潜水泵上。

（2）管理原因：

1）安全监督管理工作不到位，在施工现场存在如此多的安全隐患的情况下，安全人员并没有发现，任由作业人员随意施工。

2）在本次事故调查中发现，该工程中项目安全员、项目技术负责人以及各管理人员没有相应的资质与技术能力，电工没有从业资格证书，存在诸多违规违法的行为。

（3）教育原因。缺乏安全用电教育。王某认为漏电开关的存在影响了其工作，但没有认识到漏电会危及人身安全，不知道在漏电的情况下用钢筋挑动潜水泵会导致其丧命。

22.3　事故性质认定

经调查，这是一起因施工作业人员安全意识薄弱、违反安全用电管理规定、私自乱接电线导致的生产安全责任事故。

22.4　整改措施及建议

通过对该事故运用事故树理论进行致因分析，现已明确施工现场存在的问题和不足，整改措施及建议如下：

（1）必须明确规定并落实特种作业人员的安全生产责任制，因为特种作业的危险因素多，危险程度大。本案电工虽有一定的安全知识，开始时不肯违章接线，但经不起同事的多次要求，明知故犯，违章作业，就是因为没有落实应有的安全责任。

（2）应该建立事故隐患的报告和处理制度。漏电开关启动，表明事故隐患存在，操作人应该报告电工，而不应要求电工将电源线不经漏电开关接到电源上。电工知道漏电，就应检查原因，消除隐患，而不能贪图方便，随意处理。

（3）仅仅通过完善操作规程和工作标准来规范职工的操作行为、预防事故是不够的，因为操作行为受很多因素影响，所以必须树立安全第一的安全价值观念和预防为主的理念。如果职工对安全的重要性认识不足，不知道如何预防事故，再好的行为规范也只能是一纸空文。

将安全第一的安全价值观念、预防为主的理念和遵章守纪的行为规范作为重要的内容，对职工进行安全教育和训练，使职工从"要我安全"转变到"我要安全、我会安全"，职工的安全素质就会不断提高，事故就能不断减少。

23　火灾事故案例分析

23.1　事　故　概　况

23.1.1　事故过程

2012 年 10 月 10 日 5 时 30 分，西安市某工程项目部 12 间三层活动板房发生起火事故，事故造成 13 人死亡、24 人受伤。起火建筑为一幢 3 层彩钢板结构活动板房，属于临时建筑，总建筑面积约为 1400m²，主要用于施工人员住宿，有 173 张床位。

23.1.2　事故特征

该起事故造成 13 人死亡、24 人受伤，根据《生产安全事故报告和调查处理条例》可判为重大事故。针对该事故，其基本特征数据见表 23-1。根据表中的数据可知，现场作业的环境较为干燥，且天气为晴天，易发生火灾；火灾发生时，现场无任何报警系统；火灾发生后，由于现场未设置消防设施，导致现场组织人员灭火不及时，最终造成 13 死 24 伤的重大事故。

表 23-1　事故基本特征数据统计表

天气	晴	企业资质	建筑工程 1 级	作业环境	干燥	发生位置	员工宿舍
时间	5 时 30 分	安全员人数	2	应急措施	组织人员灭火	伤亡人数	13 死 24 伤
防护措施	未设置消防设施			应急效率		不及时	

23.2　事故致因分析

23.2.1　轨迹交叉理论应用

该起事故发生的原因是作业人员缺乏安全意识与员工宿舍违章使用建材的结果。运用轨迹交叉理论可以将人的因素与物的因素放在同等地位，从避免两种不安全状态接触的角度去分析事故，得到较为客观准确的整改与预防方法。

采用轨迹交叉模型（见图 23-1），对该事故进行如下分析：

（1）物的不安全状态。在该起事故中，物的不安全状态表现在三方面：一是员工宿舍墙隔热、隔声材料使用易燃可燃的聚氨酯泡沫夹芯板；二是员工宿舍未有专用的消防通道，并且缺少消防器材；三是大功率用电器使用时未加防火防电处理。

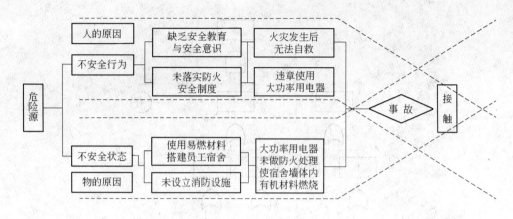

图 23-1 轨迹交叉模型

（2）人的不安全行为。在该起事故中，人的不安全行为表现在两方面：一是施工人员安全意识薄弱，火灾发生后缺少遇险时基本的自救常识；二是未落实防火安全制度，员工宿舍内私自乱接电线，使用大功率用电器。

23.2.2 事故树理论应用

事故中逻辑关系相对复杂，顶下事件数量众多，采用事故树分析方法，可以将导致事故发生的原因系统化、简单化，并通过树状图形表示出的各原因之间的逻辑关系以及与已发生事故的关系，找出事故发生的主要原因和间接原因，为制定相应的事故预防对策提供依据（见表 23-2、图 23-2）。

表 23-2　火灾事故树事件类型

符号	事件类型	符号	事件类型
T	火灾事故	x_2	未设置消防设施
A_1	第一时间灭火失败	x_3	无临时消防水池
A_2	建筑初始起火	x_4	采用易燃可燃的聚氨酯泡沫夹芯板搭建宿舍
A_3	消防器材缺失	x_5	楼层过高
A_4	违章建筑	x_6	工人自救能力差
A_5	员工防火意识薄弱	x_7	宿舍内乱接乱拉电线
x_1	管理人员未能组织灭火	x_8	宿舍内违规使用大功率用电器

（1）用布尔代数计算该事故树的最小割集及最小径集。

1）最小割集。计算得到 18 组最小割集：

$$\{x_1,x_4,x_6\};\{x_1,x_4,x_7\};\{x_1,x_4,x_8\};\{x_1,x_5,x_6\};\{x_1,x_5,x_7\};\{x_1,x_5,x_8\};$$

$$\{x_2,x_4,x_6\};\{x_2,x_4,x_7\};\{x_2,x_4,x_8\};\{x_2,x_5,x_6,\};\{x_2,x_5,x_7\};\{x_2,x_5,x_8\};$$

$$\{x_3,x_4,x_6\};\{x_3,x_4,x_7\};\{x_3,x_4,x_8\};\{x_3,x_5,x_6\};\{x_3,x_5,x_7\};\{x_3,x_5,x_8\}$$

2）最小径集。通过与事故树对偶的成功树计算最小径集：

$$\{x'_1,x'_2,x'_3\};\{x'_4,x'_5\};\{x'_6,x'_7,x'_8\}$$

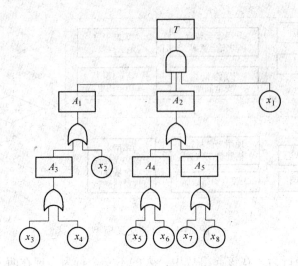

图 23-2　火灾事故树图

（2）事故结构重要度分析。将最小割集带入事故树结构重要性公式 $I_{\varphi(i)} = 1 - \prod_{x_i \in K_j}(1 - \frac{1}{2^{n_j-1}})$，求得每个事件的结构重要度。式中，$I_{\varphi(i)}$ 为第 i 个基本构件的结构重要度系数；K_j 为 j 个最小割集；x_i 为 i 个基本事件；n_j 为第 i 个基本事件所在的 K_j 最小割集中基本事件总数。

$$I_{\varphi(1)} = 1 - \left(1 - \frac{1}{2^2}\right)^6 = 0.823 ; I_{\varphi(2)} = 1 - \left(1 - \frac{1}{2^2}\right)^6 = 0.823$$

$$I_{\varphi(3)} = 1 - \left(1 - \frac{1}{2^2}\right)^6 = 0.823 ; I_{\varphi(4)} = 1 - \left(1 - \frac{1}{2^2}\right)^9 = 0.925$$

$$I_{\varphi(5)} = 1 - \left(1 - \frac{1}{2^2}\right)^9 = 0.925 ; I_{\varphi(6)} = 1 - \left(1 - \frac{1}{2^2}\right)^6 = 0.823$$

$$I_{\varphi(7)} = 1 - \left(1 - \frac{1}{2^2}\right)^6 = 0.823 ; I_{\varphi(8)} = 1 - \left(1 - \frac{1}{2^2}\right)^6 = 0.823$$

故该例事故结构重要度 $I_{\varphi(4)} = I_{\varphi(5)} > I_{\varphi(1)} = I_{\varphi(2)} = I_{\varphi(3)} = I_{\varphi(6)} = I_{\varphi(7)} = I_{\varphi(8)}$。

由此可见，事件 x_4（采用易燃可燃的聚氨酯泡沫夹芯板搭建宿舍）、事件 x_5（楼层过高）是导致事故发生最重要的原因。

23. 2. 3　直接原因

应用事故致因理论分析得出事故直接原因分析表，见表 23-3。

表 23-3　事故直接原因统计表

直接原因	人的原因	① 施工人员防火安全意识差； ② 员工宿舍内违反相关规定
	物的原因	① 违规用电； ② 使用违规材料； ③ 现场未设置消防设施、无临时消防水池

（1）人的原因。施工现场作业人员漠视安全规定，宿舍内乱接乱拉电线，随意使用电炉子、千瓦棒等大功率电器。加之施工人员防火安全意识差，不熟悉基本的防火安全常识，未掌握基本的自救逃生方法，导致火灾在刚发生时得不到有效制止，最终造成重大伤亡。

（2）物的原因。经核查，该建筑无论是每层的建筑面积、材料防火性能、安全疏散通道设置，还是灭火器材配置、临时消防设施设置等诸多方面，都严重违反了国家《建设工程施工现场消防安全技术规范》中的相关要求。施工单位无视施工现场的消防安全，违章使用易燃可燃的聚氨酯泡沫夹芯板搭建集体宿舍，没有按规定设置疏散通道。

23.2.4　间接原因

应用事故致因理论分析得出事故间接原因分析表，见表23-4。

表 23-4　事故间接原因统计表

	技术原因	① 建筑材料使用不合理； ② 没有专项消防方案
间接原因	管理原因	① 安全监督管理不合格； ② 防火安全制度形同虚设
	教育原因	施工单位对员工未进行消防安全培训

（1）技术原因。由《建筑设计防火规范》（GB 8624—2006）可知，我国的防火等级为 A(1、2)级，B(1、2)级和 C 级（见表23-5）。

表 23-5　建筑防火等级

防　火　等　级	相　应　标　准
A(1、2)级	不燃烧
B(1、2)级	遇明火燃烧
C 级	可燃烧

该事故建筑使用聚氨酯泡沫夹芯板，属于 B 级材料，按规范必须进行防火处理，但是该工程项目并未对这些材料采取任何措施。

根据我国的《建设工程施工现场消防安全技术规范》中的相关规定，集体宿舍不得采用易燃可燃的聚氨酯泡沫夹芯板搭建，应由外层是高强度的彩色钢板、内层是轻质隔热材料聚苯乙烯泡沫的混合材料粘结而成。

-（2）管理原因。防火安全制度形同虚设。施工现场未成立任何安全管理组织，防火安全责任不明确，每日巡查无记录，防火安全制度名存实亡。事故现场未设置消防设施、无临时消防水池、未进行过防火演练，发生火灾后，无法有效组织扑救初起火灾。

（3）教育原因。事故调查组对施工单位检查发现，施工单位对员工未进行消防安全培训，未开展灭火应急演练，施工人员防火安全意识差，不熟悉基本的防火安全常识，未掌握基本的自救逃生方法，致使许多人员未能逃生。

23.3　事故性质认定

该事故建筑无论是每层的建筑面积、材料防火性能、安全疏散通道设置，还是灭火器材配置、临时消防设施设置等诸多方面，都严重违反了国家《建设工程施工现场消防安全技术规范》的规定要求。这是一起由工人安全意识薄弱引起的安全责任事故。

23.4　整改措施及建议

通过对该事故运用轨迹交叉与事故树理论进行致因分析，现已明确施工现场存在的问题和不足，整改措施及建议如下：

（1）搭设活动板房时应避免采用使用易燃材料，应使用外层是高强度的彩色钢板，内层是轻质隔热材料聚苯乙烯泡沫的混合材料，避免物的不安全状态。

（2）活动板房搭建时应考虑消防因素，楼层不得过高，同时每层应设立消防器材。

（3）活动板房距离火灾危险性大的场所不得少于30m，不能接近火炉烟囱。

（4）每栋工棚居住人数不能超过100人，每25人要有一个直接可以出入的门口，门的宽度不得少于2m，高度不得低于5m。

（5）电线穿过可燃墙壁或其他可燃物时，须加防火防电处理。

（6）建立安全防火制度，施工现场应成立安全管理组织，防火安全责任落实到个人，设立每日巡查记录，消除火灾隐患。

（7）建立消防预警机制，定期组织消防演练，保证发生火灾时可以迅速有效的组织扑救，控制火灾的蔓延。

（8）吸烟时必须在吸烟室，并将烟头放在有水的盆里。

（9）从事故树分析结果可知，组织形式多样的安全教育和培训，使员工牢固树立"安全第一"的思想，掌握安全生产所必需的知识和技能，熟悉事故发生时的基本逃生方法，是预防事故发生的主要工作。

24 类型事故分析

24.1 高处坠落类型事故

在建筑施工过程中，由于高处作业的工作量大、操作人员多、多工种交叉作业，且施工现场临时设施多、环境差，因此，不安全因素的多样性与施工管理的不善会增大高处坠落事故多发的可能性。此类事故，在高层建筑中尤其明显，造成人员死亡的可能性较大，被列为高层建筑事故伤害中第一大伤害。事实表明，在建筑业"五大伤害"事故中，高处坠落事故发生概率最高，危险性极大。

24.1.1 高处坠落事故发生的原因

高处坠落事故可分为脚手架高处坠落、作业平台坠落、洞口临边高处坠落、运输设备高处坠落（见表24-1）。

其中，脚手架高处坠落是建筑施工最为常见的坠落形式，也是造成人员伤亡最大的一种伤害形式。尤其是在外架搭设时各种不规范操作造成的坠落，不仅造成了大量人员及财产损失，更是造成了社会的不良影响。

洞口临边坠落是指由于预留洞口、基坑、楼梯、电梯井等防护措施不到位与人员疏忽造成的坠落。

运输设备高处坠落是指施工外用电梯、塔吊、吊篮等拆卸过程中发生的坠落事故。

表 24-1 高处坠落事故的起因

事故分类	原 因	举 例
脚手架、作业平台	① 无证作业； ② 不具备高处作业资格（条件）的人员擅自从事高处作业； ③ 在转移作业地点时因没有及时系好安全带或安全带系挂不牢而坠落； ④ 高空作业时不按劳动纪律规定穿戴好个人劳动防护用品； ⑤ 脚手架拆除不规范	① 项目经理指派无架子工操作证的人员搭拆脚手架即属违章指挥； ② 一建筑工地发生一起工人因突发癫痫病从外架摔下死亡； ③ 进行屋面网架施工时发生一起安装工解开安全带换位施工时的不慎坠落； ④ 高空作业不佩带安全绳，项目不按规定搭设安全网； ⑤ 脚手架拆除顺序错误，脚手架结构不稳定坍塌，造成工人从脚手架上坠落
洞口临边	① 在洞口、临边作业时因踩空、踩滑而坠落； ② 注意力不集中； ③ 不按规定的通道上下进入作业面； ④ 未经现场安全人员同意擅自拆除安全防护设施	① 清扫坡屋面时滑跌造成安全绳断裂而坠地死亡； ② 工人误入电梯井口而坠落死亡； ③ 违反规定，进入基坑时未走安全通道，造成基坑边坡滑坡，工人坠落； ④ 作业班组在做楼层周边砌体作业时，擅自拆除楼层周边防护栏杆
设备拆卸	不按规范作业	高空拆卸不系安全带

24.1.2　高处坠落事故的特征

（1）从发生事故的主体看，事故的发生往往是由于操作技术的不熟练造成，占事故总数的64%；而由于违反操作规程或劳动纪律，以及由于未使用或未正确使用个人防护用品而造成事故的，占事故总数的62%。从发生事故的主体的年龄来看，24~45周岁的人居多，约占全部事故的70%以上。

（2）从发生事故的客体看，原因是多方面的，包括安全生产责任制落实不到位，安全施工专项资金投入不足，安全检查流于形式，劳动组织不合理，安全教育培训不到位，安全技术交底没有针对性，安全防护措施缺陷，施工现场缺乏良好的安全生产环境和生产秩序等。

（3）从发生事故的结果看，凡作业离地面越高，冲击力越大，伤害程度也越大，但也要注意亚高处坠落的预防。

（4）从发生事故的类型看，高处坠落事故最易在建筑安装登高架设过程中发生，如用力过猛失稳，脚手架翻滚，脚手板未铺满踏空，吊篮倾翻、吊篮坠落、卸料平台整体坠落，平台两侧防护栏杆高度不足1.2m引起侧向坠落，机械拆装过程中引发的坠落等。少有在拆除工程时和其他作业时发生坠落事故。

24.1.3　高处坠落事故的预防对策

（1）技术措施：

1）物料提升机、外用电梯等运输设备在拆卸前应由其产权单位编制安装拆卸施工方案并负责安装拆卸，物料提升机、外用电梯应有完好的停层装置，各层联络要有明确的信号和楼层标记。物料提升机上料口应有连锁装置，同时采用短绳保护装置或安全停靠门。

2）各类作业平台架体应保持稳固，不得与脚手架连接。

3）脚手架脚手板应铺设严密，下部应有安全网兜底。脚手架外侧应用密目网做全密封，并可靠固定在架体上。

（2）管理措施：

1）严格规章制度，提高违章成本。企业负责人要充分认识到其危害的严重性，要有决心通过一定的奖惩措施，通过大幅度地提高违章成本，通过抓典型树标兵等形式提高企业员工的安全生产意识，要使企业所有人都意识到违章是得不偿失的，违章是必受到惩罚的，从制度上杜绝一部分人的侥幸心理。提高违章成本可以从经济层面上断绝部分项目经理、分包负责人的违章冒险意识，一些具有承包性质的项目经理、分包负责人"经济意识"太强，喜欢冒险蛮干，须加大处罚力度，以杜绝侥幸心理。同时辅以一定的管理手段，比如：没有登高架设上岗证的人员严禁从事登高架设作业，未经现场安全人员同意不准擅自拆除安全防护设施，施工作业区设置规范畅通的安全通道，拆除脚手架或模板支撑系统时设专人监护，每天上班前对所有高空作业人员的劳动防护用品穿戴情况进行专项检查等。

2）对于人为操作失误和注意力不集中，可仿照质量管理中"旁站监理"的管理监控手段做好对一些重点过程、重点区域的"旁站监督"，比如搭拆脚手架、模板支撑架时，安装、拆卸、调试起重设备时，特殊高处作业过程中等，都可安排专职安全员做好"旁站监督"，以减少人为失误和注意力不集中所造成的危害。

3）要重视教育、交底工作，规章制度再好，高处作业方案再制定得完善，如果不将其内容向有关的施工人员进行教育、交底，也起不到应有的作用，并不能减少施工现场的高处作业事故。因此，企业必须将有关的制度方案向相关施工人员进行教育、交底。

4）严格把好材料关，杜绝防护设施材质强度不够、安装不良、磨损老化等问题的发生。

5）对于整体提升脚手架、施工电梯等设施设备的防坠装置要进行经常性检查，严格执行安装前的检查及安装后的验收手续，尽可能避免因装置失灵而导致的坠落事故。

6）加强对环境的控制，从两方面入手：一是合理安排作业流程，尽量减少露天高处作业的时间；二是尽量避免特殊高处作业，比如风力达到六级时停止高处作业，雨雪天气停止高处作业，夜间不安排高处作业，避开高温、低温进行高处作业等。对于工程体量较大、施工周期较长的跨年度工程，必须对其可能遇到的特殊高处作业情况进行前期的详细策划，做到有备无患。

24.2 坍塌类型事故

24.2.1 坍塌事故发生的原因

基坑坍塌和模板、脚手架坍塌事故总数占坍塌事故总数的80%以上，对这两类事故原因分析如下（见表24-2）：

表24-2 坍塌事故的起因

事故分类	原　因	举　例
基坑坍塌	① 未按照设计要求施工； ② 在施工前，对工程概况、周围建筑物的分布以及地下水的控制缺乏深入的了解； ③ 监测不足	① 私自更改放坡系数； ② 遇到暴雨等自然现象时，没有切实可行的方案进行适时排水； ③ 未对邻近建筑物的沉降和位移变化加以监测，甚至出现了基坑坍塌的明显预兆，也没能引起应有的重视
模板、脚手架坍塌	① 模板施工前没有经过精确核算； ② 缺乏对模板的实时监护； ③ 脚手架材料质量问题； ④ 安装设计不合理； ⑤ 员工资质不足	① 所用模板的刚度和强度不足，钢材、胶合板等不符合国家标准； ② 浇筑混凝土时，在承压力和侧压力的作用下模板容易变形、炸模，从而引发坍塌事故； ③ 施工单位贪图便宜，选用一些质量低劣、容易扭曲变形的脚手架杆件及配件； ④ 杆件间距过大、剪力撑或连墙体的设计不规范； ⑤ 建筑工地没有配备专业的架子工，脚手架的搭建人员并不具备施工资质，在搭建过程中盲目遵照个人经验

（1）基坑坍塌。基坑坍塌事故主要分为两类：一类是坑壁施工不当引起坍塌；另一类就是由于地表水引起坍塌。

对于坑壁施工不当引起的坍塌而言，主要是坑壁的形式选用不合理和施工不规范所造成的。一般而言，坑壁的形式主要有两种：一是坡率法，即自然放坡形式；二是采用支护结构。基坑坑壁的形式直接影响基坑的安全性，如果施工选择不当，基坑施工的过程中会埋下安全隐患。因坡率法比支护结构节省投资，多数工程都选用坡率法的形式来进行施工，但坡率法对于工程条件要求较高，施工场地必须满足规范所要求的坡率或者地下水匮乏、土质稳定性好才可使用，否则，容易出现隐患，造成坑壁坍塌。

当基坑施工不具备选用坡率法的条件时，基坑必须采用支护结构。但由于基坑支护结构是建筑施工过程中的一项临时设施，目前施工单位大多对其施工质量不够重视，施工行为得不到有效约束，经常有不按设计方案施工的现象，致使支护结构的施工质量达不到设计要求，造成坑壁坍塌隐患。

对地表水的处理不重视。基坑施工存在"水患"，一是地下水，二是地表水。地下水处理不好将影响基础工程施工并对基础坑坑壁的稳定性造成威胁，因此建筑施工各方都对地下水的处理非常重视，但勘察、设计和资金投入等方面却往往因为地表水对基础施工影响不明显而忽略它的作用，没有及时处理，造成事故的发生。

（2）模板、脚手架坍塌。在施工现场进行脚手架搭设和现浇混凝土梁板时，由于脚手架、模板支撑的稳定性差，因支撑失稳而引起脚手架模板坍塌事故的发生。其原因主要有：

1）施工现场管理不到位；

2）模板支撑搭设不规范；

3）拆除工程中顺序不合理造成坍塌；

4）施工企业不按规定编制模板工程安全专项施工方案；

5）现场施工人员不按规定进行模板支撑体系的搭设；

6）在搭设过程中使用质量低劣的钢管和扣件。

24.2.2　坍塌事故的特征

（1）坍塌的突然性。建筑物局部坍塌多数是突然发生的。常见的突然坍塌的直接原因有：设计错误，施工质量低劣，支模或拆模板引起的传力途径和受力体系变化，结构超载，异常气候条件等。

（2）坍塌的危害性。除了坍塌部分和人员伤亡的损失外，由于局部倒塌冲砸破坏建筑物，可能造成裂缝、变形等事件相继发生。

（3）质量隐患的隐蔽性。局部倒塌往往仅发生在问题的最严重处，或各种外界条件不利组合处。因此，未坍塌部分很可能存在危机安全的严重问题。

24.2.3　坍塌事故的预防对策

（1）技术对策：

1）基坑坍塌对策：

① 熟悉作业环境的地理情况，选定合适的基坑支护形式和排水措施，并针对暴雨等紧急情况编制应急预案。

② 对基坑支护、毗邻建筑物进行沉降和变形观测，且详细做好记录。在发现坍塌的明显征兆时，应立即上报并采取有效措施。

2）脚手架模板坍塌对策：

① 施工前合理制定操作方案，并严格加以执行，特别是对支撑体系的稳度问题。

② 所用脚手架模板的刚度和强度必须按照规定合理选取，避免出现过载的问题。

③ 在浇筑混凝土时，要注重对模板的实时监测，记录模板的变形情况。

（2）管理对策：

1）施工单位应在熟悉作业任务和环境的前提下，设计切实可行的施工方案，而且需由专业技术人员审核通过后，方能开始施工。

2）建立完善的安全生产责任制，脚手架搭设按区域划分，责任落实到个人。

3）定期进行安全检查，隐蔽工程安排提前验收，对扫地杆、扣件、连墙件、基坑边坡等重点检查，并建立安全检查制度。

4）架子工进场前必须进行三级教育并持证上岗，重点工程在施工前必须进行技术交底。

24.3 起重伤害类型事故

24.3.1 起重事故发生的原因

从近年来国内发生的一些较为严重的起重设备事故来看，可以把起重事故归纳为以下四种类型。

（1）安装拆卸事故。使用前的安装以及使用后的拆卸是起重设备使用中不可缺少的步骤，安装拆卸过程中起重设备塔臂坠落和设备倾翻事故时有发生。

起重设备安装拆卸事故原因分析：

1）起重设备安装拆卸说明或方案含糊不清，安装拆卸的操作步骤叙述错误或是叙述不明确。在起重设备安装拆卸的过程中，作业人员按照错误的说明或方案进行操作，从而导致起重设备事故的发生。

2）安装拆卸人员在工作中图方便，没有严格按照起重设备安装拆卸的相关流程去作业。

3）起重设备的安装拆卸由非专业人员或不具备安装拆卸资质的单位进行作业。

（2）使用时的机械故障。起重设备在使用过程中由于机械故障引起的塔臂坠落、折断等事故。

起重设备机械故障事故原因分析：

1）起重设备所属公司为了降低起重机的维修成本，致使起重设备延期检修甚至不检修，这是起重设备发生故障的根本原因之一。

2）起重设备操作人员掌握的知识有限，不能对起重设备的机械故障做出合理判断，这也会导致起重设备事故的发生。

3）外用电梯的安全装置（制动器、缓冲器，限位器、防护罩等），因安全装置缺乏或失灵造成的起重事故是较多的。当有些安全装置失灵又不去检修时，这种装置实际上起不到安全作用。当起重装置失灵后，运行中的行车不能安全紧急刹车，因操作不慎和超负荷等原因，将发生翻车、碰撞、钢丝绳折断等事故。起重机上的齿轮和传动轴，没有设置安全罩或其他安全设施，使人的衣服可能被卷进去。

（3）高空坠物事故。起重设备使用中由于对起吊物品的绑法不得当或由于钢丝绳断裂引起起吊物品坠落。

高空坠物事故原因分析：

1）塔吊设备起吊重物之前，起重设备操作人员没有掌握起吊重物的重量，盲目选择绳索挂钩的绑法，没有对起吊重物行走的路线做出预判，都会引发起重设备的安全事故。

2）在起吊重物的过程中，塔吊操作人员精力不集中，重物在起吊的过程中与半空中的其他重物相撞，或者起重设备操作人员出现违规操作，为了吊运方便，起吊重物从人员上方经过，一旦起吊重物发生坠落，那么势必会发生起吊重物高空坠落事故。

3）在塔吊设备起吊重物的过程中，没有指挥员协助塔吊机操作人员，也没有安全监护人员，在这种情况下，塔吊设备操作人员只能靠目测进行重物的装载，在起吊的过程中不能发现即将发生的碰撞，也不能及时停止重物之间的碰撞，因而导致塔吊设备起吊重物坠落事故的发生。

（4）人为原因事故。起重设备操作人员在作业过程中的错误操作而导致的安全事故。

误操作事故原因分析：

1）起重设备操作人员没有持证上岗以及疲劳驾驶是引发起重设备事故的主要原因之一。目前很多建筑公司都雇佣一些没有起重设备特种作业操作资格证的司机，还有一些建筑公司为了追赶建筑进度，加班加点干活，导致起重设备操作人员疲劳驾驶，甚至有的驾驶员在迷糊和瞌睡的时候还在作业，这就为起重设备事故的发生埋下了隐患。

2）起重设备的管理不到位，在起重设备作业的过程中，当班人员有私自换岗甚至脱离岗位的现象，并且管理单位对无证上岗操作人员的管理也不严格，事故的发生和起重设备管理不到位也是有直接关系的。

24.3.2　起重事故的特征

起重事故的特征如下：

（1）事故大型化、群体化，一起事故有时涉及多人，并可能伴随大面积设备设施的损坏。

（2）事故后果严重，只要是伤及人员，往往是恶性事故，一般不是重伤就是死亡。

（3）伤害涉及的人员可能是司机、起重工和作业范围内的其他人员，其中起重工被伤害的比例最高。文化素质低的人群是事故高发人群。

（4）事故类别与机种有关，由于任何起重机都具有起升机构，所以重物坠落是各种起重机共同的易发事故。此外，还有桥架式起重机的夹挤事故，汽车起重机的倾翻事故，起重设备的倒塌折臂事故，室外轨道起重机在风载作用下的脱轨翻倒事故，以及大型起重机的安装事故等。

（5）从安全技术角度来看，起重机械通常结构庞大、机构复杂、操作技术难度大，所吊运的重物种类多，载荷具有多变性（材料、密度、质量、体积等），吊运过程复杂而危险；大多数起重机械活动范围较大，一旦发生事故影响的范围也较大；与吊运人员直接接触的活动的零部件（如吊钩、钢丝绳等）较多，存在潜在的偶发危险因素；需要多人配合作业，存在较大的难度；作业环境复杂，高温、高压、易燃易爆、输电线路、强磁等危险因素对作业人员构成威胁。

由于起重作业过程中的这些特点，以及需要起重吊车司机、起重指挥、起重司索工及其他工种（如铆工、钳工等各工种）人员的密切配合，且作业过程中程序复杂、技术含量高、风险大，因此稍有不慎或操作失误就会造成起重伤害事故，甚至是群死群伤的恶性事故。

24.3.3　起重事故的预防对策

起重事故的预防对策如下：

（1）必须使用合格的起重设备。建设工程中所使用的起重设备必须是经过验收合格的设备，在起重设备的使用过程中还要对设备的各个部件进行检修。未经检测或检测不合格的起重设备不得投入使用。

（2）加强检查验收和使用管理工作。起重设备地基的牢固是其安全作业的有效保障，对于软土层地基要采取相应的措施对地基进行加固，在检查验收的时候要严格按照起重设备地基要求的相关章程，确保地基强度；多台起重设备作业还要加强安全防护措施；在工作前还要对设备的各个连接件进行详细的检查，包括螺丝是否拧紧、钢丝绳是否损坏等一系列的安全检查，在检查过程中如果发现问题，要及时解决。

（3）起重设备很多事故的发生都是跟起重设备操作人员的操作有直接关系。起重设备操作人员注意力不集中，在起吊重物的过程中没有对周围情况进行观察，缺少安全操作知识和责任心。有关部门应该加强对操作人员安全意识和责任心的教育，提高起重机操作人员的安全意识和责任心，加强操作人员综合素质的培训。通过使用黑板报、安全生产标语、事故教育录像等手段对起重设备操作人员进行各种形式的安全生产教育，从而增强起重设备操作人员安全生产意识，使其能够按照规章制度的规定进行安全操作。起重设备操作人员综合素质的提高，是保证减少事故发生的重要条件。加强对起重设备操作人员的监督和考核，必须保证起重设备的操作人员及安装拆卸人员都是经建设行政主管部门考核合格，取得建筑起重机械特种作业操作资格证书的人员。

（4）必须设立专职指挥。在起重设备起吊重物时，必须要有专职的指挥人员配合起重机操作人员工作，当有问题发生时指挥人员能够和起重机操作人员及时沟通解决。

（5）切实做好起重设备的日常维护和保养。起重设备长期露天作业，受风、雨、雪等自然条件作用，机械的磨损和锈蚀等状况是不可避免的，如果不采取相应的维护措施，就会影响机械的安全使用，为事故留下隐患。而建筑施工的特点是夜以继日，建设工程一旦开工，机械便处于繁忙的工作状态。受施工速度的牵制或保养人员的素质所限，很多时候不能按照计划对设备进行保养，或者是保养内容缺项，严重影响了起重设备的安全生产。因此，技术管理部门应根据机械设备的实际使用情况，合理制订保养计划和保养周期，坚持按时对机械设备进行相应级别的保养，使施工现场作业的起重设备始终保持良好的技术状态。在具体操作中，要严格按照岗位责任制，定人定岗，认真对机械设备进行检查、润滑和紧固等维护保养工作。对于司机和机械设备的维护人员最好保持相对稳定，以便他们能够了解和熟悉机械，掌握机械设备的有关特性，从而有针对性地进行维护。尤其要督促起重设备司机、维修电工和机械维修工，要经常进行检查并做好记录，要着重检查钢丝绳、吊钩、各传动件、限位保险装置等易损件，发现问题立即处理，做到定人、定时间、定措施，杜绝机械设备带故障运行。起重设备的各零部件由于功用不同、工作负荷不同，其使用寿命也不相同，因此技术管理部门还应对易损件做好储备工作，保证发生故障时能及时更换，以确保机械设备的正常运行。

（6）加强对起重设备的安全监管。建立健全起重设备管理的各项规章制度，特别是起重设备安全操作规程，操作人员持证上岗制度，维护保养制度，交接班制度和安全教育制度等。要做到起重设备管理制度有章可循，有规可依。进一步加强安全责任制，使各项安全管理规章制度落在实处。

24.4　物体打击类型事故

24.4.1　物体打击事故发生的原因

（1）施工管理、安全监督不到位。在施工组织管理上，施工负责人对交叉作业重视不足，安排两组或以上的施工人员在同一作业点的上下方同时作业，造成交叉作业。片面追求进度，不合理地安排作业时间，不合理地组织施工，要求工人加班加点，导致安全监管缺失、安全监护不到位。

（2）人员安全意识淡薄，导致违章作业等人的不安全行为。作业过程中的一般常用工具没有放在工具袋内而是随手乱放；拆除的物料随意乱丢、乱堆放，甚至直接向地面抛扔建筑材料、杂物、建筑垃圾而不是使用吊车吊下来或用麻绳装袋溜放；随意穿越警戒区，不在规定的安全通道内行走。

（3）安全技术及管理措施不到位。使用不规范的施工方法，造成物体处于不安全位置。物料堆放在临边及洞门附近，堆垛超过规定高度、不稳固。不及时清理高处的边角余料等垃圾，导致边角余料由于振动、碰撞等原因而坠落。

（4）个人劳动保护用品穿戴不到位，劳动保护措施不全面。作业人员进入施工现场没有按照要求佩戴安全帽，或者安全帽不合格。平网、密目网防护不严，不能很好地封住坠落物体。脚手板未满铺或铺设不规范，作业面缺少踢脚板。拆除工程未设警示标志，周围未设护栏或未搭设防护棚。

24.4.2　物体打击事故的特征

物体打击多发于动用物料多、人员密集、管理混乱，交叉作业频繁的大型项目。这类项目难以做到工完场清，容易发生由于物料、工具失稳坠落导致的物体打击事故。相较于其他类型事故，仅通过加强安全帽佩戴、工完场清作业与临边洞口防护的监督力度，就可有效降低物体打击事故发生的可能性或避免其造成的损失。

24.4.3　物体打击事故的预防对策

物体打击主要是高处坠落物或地面物体坠落至基坑造成的伤害事故，针对此特点的预防措施主要为管理措施与文明施工措施，其中管理措施包括预防物体坠落或飞溅的措施、防护措施和安全教育三方面。

（1）管理措施：

1）预防物体坠落或飞溅的措施：

① 脚手架。施工层应设有 1.2m 高防护栏杆和 18～20cm 高的挡脚板。脚手架外侧设

置密目式安全网，网间不应有空缺。脚手架拆除时，拆下的脚手杆、脚手板、钢管、扣件、钢丝绳等材料，应向下传递或用绳吊下，禁止投扔。

② 材料堆放。材料、构件、料具应按施工组织规定的位置堆放整齐、防止倒塌，做到工完场清。

③ 上下传递物件禁止抛掷。

④ 运送易滑的钢材，绳结必须系牢。起吊物件应使用交互捻制的钢丝绳。钢丝绳如有扭结、变形、断丝、锈蚀等异常现象，应降级使用或报废；严禁使用麻绳起吊重物。吊装不易放稳的构件或大模板应用卡环，不得用吊钩；禁止将物件放在板形构件上起吊。在平台上吊运大模板时，平台上不准堆放无关料具，以防滑落伤人；禁止在吊臂下穿行和停留。

2）防护措施：

① 防护棚。施工工程邻近必须通行的道路上方和施工工程出入口处上方，均应搭设坚固、密封的防护棚。

② 防护隔离层。垂直交叉作业时，应设置有效隔离层，防止坠落物伤人。

③ 起重机械和桩机机械下不准站人或穿行。

④ 安全帽。戴好安全帽是防止物体打击的可靠措施。因此，进入施工现场的所有人员都必须戴好符合安全标准、具有检验合格证的安全帽，并系牢安全帽。

3）安全教育。建立安全培训、教育制度，施工人员入场必须进行三级安全教育和考核，明确考核预防物体打击事故的方法，施工管理人员、专职安全员按规定进行年度培训。

（2）文明施工措施：

1）施工现场必须达到《建筑施工安全检查标准》中文明施工的各项要求。

2）设置警戒区。下述作业区域应设置警戒区：塔吊、施工电梯拆装、脚手架搭设或拆除、桩基作业处、钢模板安装拆除、预应力钢筋张拉处周围以及建筑物拆除处周围等。设置的警戒区应由专人负责警戒，严禁非作业人员穿越警戒区或在其中停留。

3）避免交叉作业。施工计划安排时，尽量避免和减少同一垂直线内的立体交叉作业。无法避免交叉作业时必须设置能阻挡上面坠落物体的隔离层，否则不准施工。

4）模板安装和拆除。模板的安装和拆除应按照施工方案进行作业，2m 以上高处作业应有可靠的立足点，不可在被拆除模板垂直下方作业，拆除时不准留有悬空的模板，防止坠物。

24.5 机械伤害类型事故

24.5.1 机械伤害事故发生的原因

机械伤害类事故根据其发生的原因，可以分为两大类：人为因素引起的伤害事故和设备本身存在的安全隐患（见表 24-3）。

（1）人为因素。人为因素包括管理人员和操作人员的因素，据相关资料统计，机械伤害事故中有 75% 为人为因素。影响施工安全的人为因素有很多，其中影响较大的是人员选配不力与人员违章作业、违章指挥等问题。

（2）设备安全隐患。设备本身存在安全隐患主要分为两类：

1）使用技术和安全性能差、不合格的机械设备。施工机械设备的厂家比比皆是，规模大的、规模小的、集体的、私营的，个别生产厂家只追求自己的经济利益，置人们的安危于不顾，迎合市场心理，偷工减料，疏于管理，最大限度地降低成本，廉价销售，而个别施工企业就吃这一套，只图便宜，顾眼前利益，没有长远目标，为了满足施工急需，无选择地购置，结果所购机械设备的技术性能和安全性能达不到要求，使机械伤害成为可能。

2）机械设备存在安全隐患，又不及时维修保养。在施工过程中对机械设备搞好过程控制，做好使用过程中的监督、检查、维护、保养工作才是保证其正常使用、安全生产的根本。安全防护装置的随意拆卸和安全保护装置不及时修复都有可能带来大的安全隐患。

表 24-3　机械伤害事故的起因

分　类	原　因	举　例
人为因素	① 人员选配不力、安全意识差； ② 违章作业、违章指挥	① 施工现场为了省钱，置规章规定于不顾，找没资质的队伍进行塔吊的安、拆作业，而有关领导视而不见，不能运用管理手段去阻止； ② 项目部使用塔吊，为了超载吊运，有关负责人责令塔吊司机擅自摘掉力矩限制器、超高限位器
设备安全隐患	① 使用技术和安全性能差、不合格的机械设备； ② 机械设备存在安全隐患	① 某几个工地所用塔吊，其行走小车因结构缺陷在作业中突然脱落； ② 物料提升机自上向下运料时，卷扬机突然失控，料盘快速下降时卷扬机皮带轮破碎

24.5.2　机械伤害事故的特征

机械伤害事故的特征如下：

（1）危险性大的设备使用频繁。根据事故统计，我国规定危险性比较大、事故率比较高的设备有：压力机、冲床、剪床、压正机、压印机、木工刨床、木工锯床、木工造型机、塑料注射成型机、炼胶机、压砖机、农用脱料机、纸页压光机、起重设备、锅炉、压力容器、电气设备等。这些设备都是作业现场频繁使用的设备。

（2）机械设备的危险部位多。操作人员易于接近的各种可动零部件都是机械设备的危险部位，机械加工设备的加工区也是危险部位。

（3）作业本身存在较大危险性。本身具有较大的危险性的作业称为特种作业，其危险性和事故率比一般作业大。使用机械设备的特种作业在施工中尤为常见。危险作业包括：电工作业；压力容器操作；锅炉司炉；高温作业；低温作业；粉尘作业；金属焊接气割作业；起重机械作业；机动车辆驾驶；高处作业。特种作业人员必须经过现代安全技术培训，考核合格后才能上岗操作。

（4）机械伤害的后果严重。机械伤害的后果一般比较严重，轻则损伤皮肉，重则断肢致残，甚至危及生命。《企业职工伤亡事故分类》（GB 6441—86）对伤害后果有明确的规定，规定以损失工作日来划分伤害程度。损失工作日是指被伤害者失能的工作时间。该规定对计算方法有严格的标准，计算损失工作日后即可确定伤害程度，其分类如下：轻伤，指损失工作日为 7 天的失能伤害；重伤，指相当于现定损失工作日等于或超过 105 天的失能伤害；死亡。

(5) 机械伤害形式多样。机械设备在运转中产生了大量的机械能，这些能源如果使用不当，便会成为引起事故发生的危险源。这类伤害包括机械直线运动、旋转运动时带来的危险、机械击出物击飞时的危险。同时在机械伤害中还存在着大量非设备造成的伤害，这类伤害往往也是致命的，其包括：电击、灼伤、振动、噪声、化学物伤害等等。

24.5.3　机械伤害事故的预防对策

机械伤害事故的预防对策如下：

(1) 技术对策：

1) 施工机具在使用前必须检查是否接零、是否安装漏电保护装置。

2) 施工用具电线使用前做预理处理。

3) 圆锯盘、钢筋机械需安装防护围挡装置，传动部位需设置护罩。

4) 手持类电动机具需按规定采取绝缘措施。

(2) 管理对策：

1) 加大安全投入，对机械设备进行综合管理。机械设备的综合管理是一个广义的定义，包括合理装备、择优选购、正确使用、精心维护、科学检修。对施工企业来说，它包括机械的前期（管理、选型）、采购过程管理（验收、使用、安装、维修、保养、改造）、后期管理（报废、转让），认真把握管理中的每一个环节才能把机械伤害降到最低限度。

2) 人机固定的原则。大型机械应交给以机长负责的机组人员，中小型机械应交给以班组长负责的全组人员，人机固定应贯穿在机械设备的使用过程中，由使用负责者负责保管、操作使用、安全生产，当然这里指的机还包括机械的附属装置。

3) 操作证制度。导致机械伤害的原因很多，而操作错误往往是主要原因之一，所以操作者必须经过严格的专业技术培训，提高作业人员的安全技能，杜绝违章操作。大型机械设备的操作人员由国家主管部门组织培训，经考试合格持证上岗，对于中小型机械的操作人员由本单位的机械设备安全管理人员对其进行安全常识、安全操作规程的专业技术培训，考试合格，持证上岗。

4) 建立岗位责任制。建立健全操作人员的岗位责任制是管好、用好机械设备的必要条件，也是避免机械伤害的前提。

5) 建立完善的三级教育制度，定时定期对机械操作工人进行技能培训。

24.6　触电类型事故

24.6.1　触电事故发生的原因

(1) 安全用电意识薄弱。作业人员与管理人员不重视安全教育，不懂安全用电知识；同时在施工的过程中也不重视用电安全，特别是在防护用品的使用上，不穿戴绝缘手套与绝缘鞋的现象比较严重。

（2）施工配电设施缺乏有效管理。施工作业过程中，触电事故的发生往往是由于配电设施缺乏有效、规范的管理。闸箱或配电板不合格，带电体裸露；闸具、漏电保护开关质量有问题从而导致失效；电线破损或不符合用电要求；用电设备位置放置不当如离高压线位置太近都是触电事故的多发原因。

（3）操作规范有待落实。操作人员违章操作现象严重，为了作业方便而忽视用电安全，如违反"一机一闸一箱一漏"的安全规定、不安装漏电保护装置、对线路安全检查不重视等。

（4）施工环境的影响。天气环境也是影响触电事故发生的原因之一，阴雨天由于施工现场排水设施不完善，电线未及时进行埋地处理，绝缘层包裹不当易发生漏电导致触电事故。

24.6.2　触电事故的特征

触电事故的特征如下：

（1）低压设备触电事故率高，移动式设备与手持设备触电事故率高。在施工现场安全生产过程中，使用的机电设备及供电设备多数为低压设备与手持式设备，其分布广、与作业者接触频率高，而在生产和作业中，这些移动性大，且又不是专人使用，故不便管理，安全隐患较多。作业者往往由于管理不严，同时又缺乏一定的安全用电知识，触电事故率较高。

（2）违章作业或误操作的触电事故率高。触电类事故的发生主要是由于作业人员培训上岗或受培训教育程度不够，操作技术不过关或不熟练，出现误操作或违章作业而引起的。

（3）送电线路不规范和配电器质量不合格。大部分工地没有按规范要求使用电缆而使用黑皮线、胶质线、护套线等进行送电，或没有使用防爆开关、防爆灯等配（用）电设备，而是用明刀闸开关、普通照明灯头等替代，缆线悬挂不合格或不悬挂、绝缘破坏严重、线路乱拉、乱接以及普遍存在的裸接头等，加上企业为减少投入，这些不安全设施极易在生产、操作或维护过程中造成触电事故。

（4）触电事故的季节性明显。每年的二、三季度发生的触电事故较多，也最集中。这主要是这个季节雨水多、作业场所潮湿，机电设备绝缘性能降低，同时因人体多汗，皮肤电阻降低等更容易导电。

24.6.3　触电事故的预防对策

触电事故的预防对策如下：

（1）技术对策。加强对相关设备的检查、排查力度。重点检查电气设备绝缘有无破损、绝缘电阻是否合格、设备裸露带电部分是否有防护、屏护装置是否符合安全要求、安全间距是否足够、保护接零或保护接地是否正确可靠、保护装置是否符合要求、手提灯和局部照明灯电压是否是安全电压或是否采取了其他安全措施、安全用具和电气灭火器材是否齐全、电气设备安装是否合格、安全位置是否合理、电气连接部位是否完好、电气设备或电气线路是否过热、制度是否健全等内容。

对变压器等重要电气设备要坚持巡视，并作必要的记录。对于使用中的电气设备，应定期测定其绝缘电阻。对于各种接地装置，应定期测定其接地电阻。对于安全用具、避雷器、变压器油及其他一些保护电器，也应该定期检查、测定或进行耐压试验。

（2）管理对策：

1）管理机构和人员。电工属于特殊、危险工种，接触的危险源较多。为做好电气安全管理工作，安技部门应当有专人负责电气安全工作，动力部门或电力部门也应有专人负责用电安全工作。在条件许可时，可以建立群众性的、横向的电工管理组织，配合安技部门，并在安全部门协助下开展工作，如可以组织电工学习安全知识、进行电气安全检查和电气事故分析以及开展其他类似工作。

2）规章制度。必要而合理的规章制度是保障安全、促进生产的有效手段。安全操作规程、运行管理和维护制度及其他规章制度都与安全有直接的关系。应根据不同工种，建立各种安全操作规程，如变电室值班安全操作规程、内外线维护检修安全操作规程、电气设备维修安全操作规程、电气试验室安全操作规程、手持电动工具安全操作规程、电焊安全操作规程、电炉安全操作规程、塔吊司机安全操作规程等。对于一些开关设备、临时线路、临时设备等比较容易发生触电事故的设备，应建立专人管理的责任制。特别是临时线路和临时设备，结合现场情况，明确规定安装要求、长度限制、使用期限等项目。

（3）教育对策。安全教育的目的是为了使工作人员懂得用电的基本知识，认识安全用电的重要性，掌握安全用电的基本方法，从而能安全地、有效地进行工作。新进厂的工作人员要接受三级安全教育；对一般职工应要求懂得电和安全用电的一般知识；对使用电气设备的生产工人除懂得一般知识外，还应懂得有关的安全规程；对于独立工作的电气工程人员，更应懂得电气装置在安装、使用、维护、检修过程中的安全要求。

24.7　火灾类型事故

火灾虽不属于建筑生产五大类伤害事故，但是火灾一旦发生，必然酿成重大事故，造成极大的损失和不良影响。在建筑生产中，必须重视对火灾的防范。

建筑业近年发展迅速，建筑结构更为复杂，建筑高度不断增加，有机材料广泛推广，随之而来的是施工现场火灾隐患多、蔓延快、疏散难度大等问题。各类建筑尤其是高层建筑施工中由于人的疏忽大意、材料使用过程中放置不当或使用不当可引发火灾的事故不断增多，但目前建筑行业所涉及的单位与部门乃至实际操作人员对建筑火灾潜在的危险性和防范问题缺乏足够的认识，且国家及相关政府部门虽制定了一系列防火规范、规定，但具体施工中往往由于工种密集、多种作业交叉混合以及明火作业、流动工种、不同施工工艺等诸多不确定因素导致出现不同的火灾隐患，一旦其疏于管理则极易导致火灾发生。

24.7.1　火灾事故发生的原因

建筑火灾事故按地点分类可分为：作业现场火灾与生活区火灾。

生活区火灾是指员工宿舍、食堂等生活区发生的火灾。此类火灾大多是由于人员安全意识差，防火意识薄弱所引起的，致因物多为烟头、违规用电器等物品。如书中所出现的火灾案例所示，就是一起典型的因施工人员安全意识薄弱，私自接电并使用大功率用电器所引起的火灾。

建筑火灾事故的防范主要是指作业现场的火灾防范，通常来讲，建筑作业分为三个阶段：土建阶段、安装阶段与装修阶段。由于作业内容与工作形式的差别，土建、安装阶段出现火灾的原因与装修阶段有所区别，见表24-4。

表24-4　建筑火灾事故的起因

阶　段	原　因	举　例
土建、安装阶段	① 电、气焊作业； ② 沥青防水作业； ③ 冬季施工用火； ④ 临电使用不当； ⑤ 易燃、可燃材料储存不当起火	① 电、气焊作业，由于在操作前对周围环境以及所焊割的容器检查不严，致使作业环境以及所切割的金属容器中残留的可燃气体和液体爆炸起火； ② 沥青的燃点较低，在高温作用下产生沥青蒸气，由于在熬炼过程，膨胀外溢或产生易燃的沥青蒸气，接触炉火燃烧，并引燃了周围的物质和建筑物，造成火灾事故； ③ 冬季施工，为加快混凝土养护速度，在旁边架火炉，并覆盖黑心棉，火炉易点燃黑心棉； ④ 私自乱接电线，导致短路引发火灾； ⑤ 对新兴的建筑材料，如：亚硝酸钠、硫酸钠、三乙醇胺，以及各种树脂板、各种胶类的性能认识不足，储存和使用不当，就有燃烧爆炸的危险
装修阶段	① 擅改设计，多层承包； ② 装饰材料使用不当； ③ 线路处理不当； ④ 灯具安装不当	① 用普通涤纶化纤品代替防火阻燃织物、木龙骨代替轻钢龙骨，该刷防火涂料的不刷； ② 宾馆装修中地面铺设的毛毯未经防火处理； ③ 将切断的裸露电线埋在夹墙内； ④ 将高瓦数灯具安装在易燃装饰墙附近

24.7.2　火灾事故的特征

火灾事故的特征如下：

（1）火灾隐患多、火种多。随着建筑功能的复杂，施工现场人流频繁，不便管理，火灾隐患更加不易发现。尤其是装饰工程，楼内装修所采用的木质材料及有机塑料制品等可燃物较多，如吊顶、家具、窗帘、地毯和各类纸质办公耗材等；内部设备较多，如在写字楼内大量增设各类电器设备和办公设备，从而引起用电负荷增加，线路长期过载运行极易导致绝缘层老化，产生电火花、短路等，从而引发火灾。另外，现代建筑在外墙节能保温设计中，广泛采用聚苯乙烯泡沫、聚氨酯泡沫等有机高分子材料，由于这类材料具有易燃且燃烧生成有毒气体的特点，从而使由节能保温材料所引发的火灾事故频繁发生。

（2）火势猛、蔓延快。现代建筑由于其内部的楼梯间、管道井、电缆井、排风道等各种竖井较多，失火时拔火效应十分强烈；建筑高度高、体量大的特点，一旦发生火灾，在高空强劲风力的作用下，极易对周围的空间环境带来威胁。因此，建筑火灾蔓延速度之快，火势之猛烈往往是难以控制的。

（3）竖向蔓延。据实验资料证明，在火灾初期阶段，因空气对流产生的烟气，向水平方向扩散的速度为 0.3m/s；火灾猛烈燃烧阶段，热对流产生的烟气扩散速度为 0.5 ~ 0.8m/s。而烟气沿梯间竖向管井扩散的速度为 3 ~ 4m/s，一座高为 100m 的建筑，在无阻挡的情况下，烟气依靠纵向管井扩散至顶层仅需 30s，由此整幢建筑顷刻间就会变成"立体火场"。

（4）横向蔓延。建筑物越高，风速越大，火灾扩散速度越迅猛。一般情况下，10m 高处的风速为5m/s；30m高处为8.7m/s；60m高处为12.3m/s；90m高处为15m/s。高层建筑在高空受到强劲风力送来的大量氧气助燃，以及在辐射热的作用下，使火势更难控制。

（5）人员疏散困难、伤亡惨重。随着建筑结构的不断复杂，建筑高度的不断增加，建筑物起火时的人员疏散变得十分困难。建筑物施工时，材料的摆放，满堂架的设立更是无形中加大了疏散的难度。

（6）消防设施不完善，火灾扑救困难。一般建筑物主要灭火方法为室内消防设施灭火，但是未施工完成的建筑物，室内消防设施不完善，当火灾发生时受到消防设施条件的限制，常常给扑救工作带来不少困难。

24.7.3　火灾事故的预防对策

火灾事故的预防对策如下：

（1）技术对策。在易燃、易爆场所和禁火区域内，把需要焊、割的构件拆下来，转移到安全地带实施焊、割。对确实无法拆卸的焊、割构件，可把焊、割的部分或设备与其他易燃易爆物质进行隔离。高处实施电焊、气割作业部位要采取围挡措施，防止焊渣大面积散落地面。对可燃气体的容器、管道进行焊、割时，可将惰性气体（如氮气、二氧化氮）、蒸汽或水注入焊、割的容器、管道内，把残留在里面的可燃气体置换出来。对储存过易燃液体的设备和管道进行焊、割前，先用热水、蒸汽或酸液、碱液把残留在里面的易燃液体清洗掉，对无法溶解的污染物，应先铲除干净，然后再进行清洗。把作业现场的危险物品搬走。在易燃、易爆、有毒气体的室内作业时，应进行通风，待室内的易燃、易爆和有毒气体排至室外后，才能进行焊、割。作业点附近的可燃物无法搬走时，可采用喷水的办法，把可燃物浇湿，进行冷却，增加其耐火能力。针对不同的作业现场和焊、割对象，配备一定数量的灭火器材，对大型工程项目禁火区域的动火施工，以及作业环境比较复杂时，可以将消防车开至现场，铺设好水带，随时做好灭火准备。焊、割作业结束后，必须及时清理现场，清除遗留下来的火种，关闭电源、气源，把焊、割炬放置在安全的地方。

（2）管理对策：

1）对危险物质（易燃易爆）和点火源进行严格管理，如明火、电火花及电焊、气焊和气割的焊渣等，如需使用，必须上报，使用完后器材必须整理放置专门的器材室。

2）建立健全的防护规章制度。在一、二级动火区域施工，施工单位必须认真遵守消防法律法规，建立防火安全规章制度。动火作业前必须申请办理动火作业票，动火作业票必须注明动火地点、动火时间、动火人、现场监护人、批准人和防火措施。动火作业没经过审批的，一律不得实施动火作业。

3）电气防火防爆。严格按照建设部行业标准《建筑施工现场临时用电安全技术规范》（JCJ 46—2005）的要求，编制临时用电专项施工方案和设置临时用电系统，以免引起电气火灾。

4）加强安全教育与防火教育，每月安排安全防火演练，将防火意识深入人心。

（3）文明施工：

1）合理布置施工现场，综合考虑防火要求。如明确划分禁火作业区（易燃、可燃材料的堆放场地）、仓库区（易燃废料的堆放区）和现场的生活区，各区域之间按规定保持防火安全距离（禁火作业区距离生活区不小于15m，易燃、可燃材料堆场及仓库与在建工程和其他区域的距离不小于 20m，易燃的废品集中场地与在建工程和其他区域的距离不小于 30m）。

2）安全指示与安全标语。对于储存易燃物品的仓库，应有醒目的"禁止烟火"等安全标志。严禁吸烟，入库人员严禁带入火柴、打火机等火种。办公室、食堂、宿舍等临时设施不得乱拉乱扯电线，不得使用电炉子，取暖炉具应当符合防火要求，要专人管理。施工现场内严禁焚烧建筑垃圾和用明火取暖，未经批准，严禁动火。

第4篇

土木工程安全管理课程设计

25 安全生产与事故分析课程设计内涵

土木工程安全生产与事故分析课程设计的目的旨在加深工程相关人员对土木工程安全生产过程中工作内容与安全事故分析内容的理解，以实体工程安全生产与安全事故进行选题设计，重点培养工程相关人员编制土木工程安全生产相关方案与事故分析报告的能力，使工程相关人员掌握编制安全生产方案及事故分析报告的基本内容、步骤，详读主要的法规、标准和政策，并具有相应的文献查阅、技术文件写作和理论实践的能力。

25.1 土木工程安全生产课程设计

在掌握土木工程安全生产相关知识的基础上，工程相关人员应仔细阅读课程设计题目，根据题目所提供的工程概况、设计任务、参考依据、方案内容要点确定课程设计编制计划，完成课程设计任务。

25.1.1 土木工程安全生产课程设计内容

土木工程安全生产课程设计内容主要涉及施工安全生产管理方案、各专项施工安全生产技术方案、文明施工方案。

（1）施工安全生产管理方案。方案内容如下：

1）工程项目概况。本课程设计中，工程项目概况是指工程项目基本情况中与安全生产切实相关的内容，主要包括工程项目的规模、性质、用途、工程地点、工程总造价、施工条件、建筑面积、结构形式等。

2）编制依据。为完成课程设计任务，需要掌握了解的文献资料。

3）安全生产管理目标。安全生产管理目标包括：安全生产事故控制指标（事故负伤率及各类安全生产事故发生率），安全生产隐患治理目标，安全生产、文明施工管理目标。

4）安全管理组织结构。安全管理组织结构负责施工现场所有安全管理工作，定期开会研究出现的安全问题，讨论对策，决定后续的安全管理工作，并审核管理人员责任目标考核结果。

5）安全生产管理制度。安全生产制度主要包括：安全生产责任制度、安全生产例会制度、安全生产定期检查整改制度、安全生产奖罚制度、安全生产培训制度、安全生产事故报告和处理制度、安全生产资金保障制度、安全生产管理制度（安全生产制度、消防保卫制度、环境保护制度、文明施工制度、现场用电管理制度、现场机械设备管理制度等）以及应急预案与响应制度等。

6）安全风险及管理措施。确定工程项目在施工过程中可能发生的风险及风险大小，成立施工风险管理机构，并对风险进行分析，建立相应的应对措施与监控措施。

7）应急预案。应急预案是为保证迅速、有序、有效地针对土木工程施工过程中已发生或可能发生的突发事件开展控制与救援行动，尽量避免事件的发生或降低其造成的损害。依照相关的法律法规而预先制定的应急工作方案，主要解决"突发事件发生前做什么、事发时做什么、事发后做什么、以上工作谁来做"等四个问题，是应对各类突发事件的操作指南。

（2）各专项施工安全生产技术方案是针对脚手架工程、基坑工程、模板工程、高处作业、起重吊装工程、施工用电、施工机具等编制的专项安全生产技术方案。方案内容如下：

1）工程项目概况。

2）编制依据。

3）安全技术措施。安全技术措施是指在土木工程施工过程中，运用工程技术手段消除物的不安全因素，实现生产工艺和机械设备等生产条件本质安全的措施，可依据专项施工安全技术的相关法律法规进行编制。

4）危险源分析处理措施。对土木工程施工过程中，存在安全隐患的各类因素进行分析，确定其危险程度及其导致安全事故损失的大小，在此基础上，提出相应的处理措施。

5）检查与验收措施。检查与验收措施是为确保专项安全生产技术严格按照标准规范实施、编制相应的措施，通过严格的检查与验收工作，可以有效排除存在的安全隐患。

6）应急预案。此外，还应根据安全生产技术自身的特点，适当加入与之相适应的管理措施。

（3）文明施工方案。方案内容如下：

1）工程项目概况。

2）编制依据。

3）文明施工管理体系。文明施工管理体系主要包括：确立文明施工管理目标，成立文明施工管理机构并确定各部门、成员的职责。

4）文明施工管理措施。文明施工管理措施主要包括：开展创建文明工地活动；加强施工宣传教育；注重场容场貌建设；完善作业程序管理；做好工地卫生保洁；防止扰民和劳动保护。

5）文明施工环保措施。文明施工环保措施是为防止土木工程在施工过程中对施工场地及周边环境造成环境破坏，可从场地、排水、噪声、扬尘、光污染等方面对施工过程进行控制，编制相应的环境保护措施。

6）监督检查措施。

25.1.2　土木工程安全生产课程设计步骤

土木工程安全生产课程设计步骤如下：

（1）阅读并分析工程概况，明确课程设计任务；

（2）查阅相关规范、标准及工程项目所在地的相关规定条文，合理选择编制依据；

（3）查找与题目工程相似的其他工程实例，了解其相关安全生产方案；

（4）通过以上基础，确定课程设计内容提纲；

（5）结合工程项目概况，编制课程设计方案，完成课程设计任务。

25.2　土木工程事故分析课程设计

在认真掌握土木工程事故分析相关知识的基础上，工程相关人员应仔细阅读课程设计题目，根据题目所提供的事故概况、设计任务、指导步骤确定课程设计编制计划，完成课程设计任务。

25.2.1　土木工程事故分析课程设计内容

土木工程事故分析课程设计是结合安全事故自身特点，选取系统化的致因理论进行分析，层次清晰的对事故原因进行总结，并从根本上有针对性地提出事故现场整改措施及建议。

土木工程事故分析内容如下：

（1）事故概况。本课程设计中事故概况是指与事故相关的工程项目情况，主要包括：工程地点、施工条件、建筑面积、结构、事故类型、事故有关人员情况（年龄、学历、健康）、事故发生过程、事故损失（伤亡人数、直接经济损失）、事故处理情况、事故等级评定等。

（2）编制依据。在完成课程设计任务过程中，需要掌握了解的文献资料。

（3）事故致因分析：

1）了解常用的事故致因理论的概念、原理、特点及使用方法；

2）掌握各致因原理的特点、进行致因理论评选，根据事故概况选择合适的致因理论；

3）运用已选的致因理论对事故进行分析，找出事故发生的根本原因。

（4）事故性质认定。根据事故概况，进行事故责任认定（自然事故、责任事故、技术事故），指出主要责任人。

（5）改进建议及措施。通过管理、技术、教育三个方面对事故原因进行分析，制定事故的改进建议及措施。

25.2.2　土木工程事故分析课程设计步骤

土木工程事故分析课程设计步骤如下：

（1）详读事故概况，明确课程设计任务；

（2）查阅文献资料，进行事故基本数据统计及特征分析，确定事故类型与等级，并对此类事故相关情况进行了解；

（3）依据事故中管理现状、作业情况，查阅相关规范、标准，合理选择课程设计依据；

（4）系统掌握常用事故致因理论，掌握各种理论的特点及使用方法；

（5）结合事故特征，合理选取致因理论，并进行致因分析；

（6）对事故原因进行层次划分，确定直接原因与间接原因；

（7）对该事故进行性质认定，指明导致事故发生的责权问题；

（8）提出事后整改措施及建议。

26　土木工程安全生产课程设计选题

　　本书以我国土木工程安全生产相关法律、标准、规范、条例为依据，结合实体工程项目安全生产文件，编写出 10 例土木工程安全生产课程设计选题，以供土木工程安全生产工作相关人员进行实践练习，但现有选题并不能全面涉及各种类型的土木工程，因此，课程设计人员在本书选题的基础上，也可就近选择实体工程项目，结合项目特点自行出题，并完成课程设计工作。

26.1　选　题　一

26.1.1　工程项目概况

　　该工程项目位于河南省郑州市，总建筑面积约 19 万平方米，框架结构。地下 1 层，层高为 5m，地下室 2 层，层高 3.97m，地上 1～3 层层高均为 5.09m，4 层层高为 5.09～5.44m。基础采用筏板基础，地基采用 CFG 桩法进行地基加固处理，建筑结构安全等级为二级，建筑耐火等级一级，地基基础设计等级为乙级，地下室防水等级为二级，地下室抗震等级为二级。

26.1.2　课程设计任务

　　请根据该工程项目概况编制施工安全管理方案。

26.1.3　参考依据

　　《安全生产许可证条例》（国务院 397 号令）；

　　《建筑施工安全检查标准》（JGJ 59—99）；

　　《施工企业安全生产评价标准》（JGJ/T 77—2010）；

　　《施工现场临时用电安全技术规范》（JGJ 46—2005）；

　　《建设工程安全生产管理条例》（国务院 393 号令）；

　　《中央企业安全生产监督管理暂行办法》（国资委 21 号令）；

　　《建筑起重机械安全监督管理规定》（建设部 166 号令）；

　　《危险性较大的分部分项工程安全管理办法》（建质〔2009〕87 号）；

　　《建筑施工企业安全生产管理机构设置及专职安全生产管理人员配备办法》（建质〔2008〕91 号）；

　　《建筑施工特种作业人员管理规定》（建质〔2008〕75 号）；

　　《建筑施工人员个人劳动保护用品使用管理暂行规定》（建质〔2007〕255 号）；

　　《职业健康安全管理体系规范》（GB/T 28001—2011）；

《生产安全事故报告和调查处理条例》(国务院493号令)。

26.1.4 方案内容要点

(1) 安全生产管理控制目标:

1) 伤亡、事故控制目标;

2) 安全生产、文明施工达标、创优目标。

(2) 安全管理组织结构:

1) 安全生产领导小组;

2) 安全管理组织机构图;

3) 安全管理部门及专(兼)职人员。

(3) 项目安全管理制度:

(4) 风险评估:

1) 项目施工风险分析;

2) 施工风险管理机构;

3) 施工风险应对措施。

(5) 应急预案:

1) 应急预案编制计划;

2) 事故、事件报告程序。

26.2 选 题 二

26.2.1 工程项目概况

(1) 建筑总说明。该工程项目位于江苏省南京市,总建筑面积30835.03m²,其中地下1层建筑面积为7912.8m²,地上17层建筑面积为22922.25m²,框架剪力墙结构,建筑总高度70.5m,设计使用年限50年,耐火等级一级,抗震设防烈度8度,施工建筑分主楼和副楼两部分,主楼层高为17层,副楼层高为3层。

(2) 现场机械设备进场配备情况。现场机械设备进场配备见表26-1。

表26-1 现场机械设备进场配备表

序 号	设备名称	型 号	单位	数量	单台功率/kW	进退场时间
1	塔吊	QTZ63	台	2	31	开工进场,主体结顶退场
2	人货电梯	SCD200/200J	台	2	15	六层结构进场,竣工退场
3	挖土机	PC200	台	2	—	开工进场,土方完成退场
4	搅拌机	JZC350	台	2	5.5	开工进场,竣工退场
5	砂浆机	HJ2000	台	2	3	开工进场,竣工退场
6	钢筋切断机	GQ-40	台	1	4	开工进场,主体结顶退场
7	钢筋弯曲机	GW-40	台	1	3	开工进场,主体结顶退场
8	钢筋调直机	GJ58/4	台	1	5.5	开工进场,主体结顶退场

序　号	设备名称	型　号	单位	数量	单台功率/kW	进退场时间
9	对焊机	UN-100	台	1	100	开工进场，主体结顶退场
10	平板震动机	ZL5.5	台	2	0.55	开工进场，竣工退场
11	插入式震动机	ZN50	台	6	11	开工进场，竣工退场
12	木工平刨	MB104	台	1	4	开工进场，主体结顶退场
13	圆盘锯	MJ104	台	1	4	开工进场，主体结顶退场
14	竖向焊机	SH-40	台	2	30	开工进场，主体结顶退场
15	水泵	—	台	6	24	开工进场，竣工退场
16	蛙式打夯机	HW	台	2	3	开工进场，竣工退场
17	砂轮切割机	WQS-400	台	2	11	开工进场，竣工退场
18	电焊机	HB330	台	4	21	开工进场，竣工退场
19	电渣压力焊	DE500	台	2	45	开工进场，竣工退场
20	卷扬机	—	台	2	11	开工进场，竣工退场
21	门式升降机	SSE160	台	5	11	开工进场，竣工退场

26.2.2　课程设计任务

请根据该工程项目概况编制施工机具的安全管理措施。

26.2.3　参考依据

《建筑施工安全检查标准》（JGJ 59—99）；

《施工企业安全生产评价标准》（JGJ/T 77—2010）；

《安全生产许可证条例》（国务院 397 号令）；

《建筑起重机械安全监督管理规定》（建设部 166 号令）；

《危险性较大的分部分项工程安全管理办法》（建质〔2009〕87 号）；

《建筑施工特种作业人员管理规定》（建质〔2008〕75 号）；

《生产安全事故报告和调查处理条例》（国务院 493 号令）。

26.2.4　方案内容要点

（1）平刨机和圆盘锯的安全管理措施：

1）操作规程；

2）安全防护措施（防护罩、防护装置、保护接零等）。

（2）手持电动机具的安全管理措施：

1）操作规程；

2）安全防护措施（保护接零、穿戴绝缘等）。

（3）钢筋机械（钢筋切断机、弯曲机、调直机）的安全管理措施：

1）操作规程；

2）安全防护措施（防漏电、防护罩、防钢筋甩伤等）。

（4）电焊机的安全管理措施：

1）操作规程；

2）安全防护措施（防雨、防漏电等）。

（5）混凝土搅拌机的安全管理措施：

1）操作规程；

2）安全防护措施（支撑设置、保险装置、防雨设施等）。

26.3　选　题　三

26.3.1　工程项目概况

（1）建筑总说明。该工程项目位于重庆市，为含有控制中心、住宅、商业、办公、地下车库等多种功能的综合建筑，其中地下3、4层为戊类库房与设备用房，地下1、2层为车库，首层为商业，2、3层为物业开发办公用房，4~8层为控制中心用房，9层以上为两座超高层塔楼式住宅。

建筑总面积：79440.41m²。

建筑层数：地上主体39层，裙房8层，地下4层。

建筑高度：主体144.3m；裙房39.3m。

民用建筑分类：高层公共建筑。

设计使用年限：裙楼及地下室100年，塔楼50年。

高层建筑分类：一类；耐火等级：主楼及地下室为一级。

结构类型：现浇钢筋混凝土框架-剪力墙结构。

抗震设防烈度：6度。

（2）模板的选择。建筑各部位模板的选择见表26-2。

表 26-2　建筑各部位模板的选择

部　位		材　料
地下室	地下室内外墙、附墙柱	根据九夹板的规格配制成大模板，但是根据墙的实际需要配制规格尺寸龙骨 50×100 的方木，外龙骨采用 $\phi 48$ 双钢管，用 $\phi 12$ 的对拉螺栓，外墙采用 $\phi 12$ 的止水对拉螺栓
	地下室圆柱	采用定型钢模施工
主体结构	主次梁	18 厚的九夹板，50×100 的木龙骨和 $\phi 48$ 脚手架钢管，梁高不小于 700 的用 $\phi 12$ 的对拉螺栓
	框架柱	18 厚九夹板，50×100、100×100 方木，不小于 800 的柱用 $\phi 12$ 的穿墙对拉螺栓加固
	楼板模板	15 厚竹胶板，50×100 木龙骨，$\phi 48 \times 3.5$ 钢管主龙骨，支撑为钢管体系
	楼梯模板	18 厚九夹板，50×100 木龙骨，钢管手架

（3）支撑系统的选择：

1）支撑系统采用钢管脚手满堂架。钢管：采用 $\phi 48$mm，壁厚3.2mm的3号普通钢管，其材质应符合国标 GB/T 700Q235-A 级钢的规定，并应无锈蚀、破损等缺陷；扣件：采用可锻铸铁扣件，其材质应符合国标 GB 15831 的规定，并在螺栓拧紧扭力矩达 65N·m 时，不得发生破坏。

2）墙体模板纵横向背管及柱模板夹箍均采用 $\phi48 \times 3.2$ 的脚手架钢管。

（4）脚手板的选择。采用楠竹跳板，其竹串片的螺栓应紧固完好，其刚度应满足使用要求，并不得有断裂破损等缺陷。

（5）其他材料的选择。楼面模板拼装时，对口缝采用 50mm 宽胶带进行贴缝，以防止漏浆。模板下端部与混凝土接触面采用 5mm 泡沫条塞垫。

26.3.2　课程设计任务

请根据该工程项目概况编制模板工程的安全技术措施。

26.3.3　参考依据

《中华人民共和国工程建设标准强制性条文（房屋建筑部分)》；

《建筑工程施工质量验收统一标准》(GB 50300—2001)；

《建设工程项目管理规范》(GB/T 5032—2006)；

《工程测量规范》(GB 50206—93)；

《混凝土结构工程施工质量验收规范》(GB 50204—2002)；

《建筑施工安全检查标准》(JGJ 59—99)；

《建筑施工扣件式钢管脚手架安全技术规范》(JG 130—2001)；

《建筑施工模板安全技术规范》(JGJ 162—2008)。

26.3.4　方案内容要点

（1）质量保证措施：

1）测量偏差（包括轴线偏位、垂直偏差、标高不正确等）的预防措施；

2）柱、梁模板胀模的预防措施；

3）梁模下垂、失稳倒塌的预防措施；

4）漏浆的预防措施；

5）拆模时出现缺陷的预防措施；

6）模板支撑系统质量保证措施与控制程序；

7）模板及支模施工管理架构；

8）混凝土浇捣方法。

（2）安全技术措施。制定模板在安装和拆除过程中的相关技术要求，主要包括：

1）垫块、临时固定设施的设置；

2）水平支撑和剪刀撑的设置；

3）模板拆除过程中的安全规定；

4）验收制度。

（3）安全应急救援预案：

1）发生高处坠落事故应急救援；

2）发生支模坍塌应急救援；

3）触电事故应急救援措施。

26.4　选　题　四

26.4.1　工程项目概况

（1）建筑总说明。该工程项目位于山西省太原市，为粮仓及接粮棚工程，框架结构，粮仓7层，全高38m，接粮棚4层，高度21.8m。落地架从 −1.0m 基础承台上搭起，总长度大约246m。

（2）脚手架的材料选择。该工程采用落地钢管脚手架，钢管外径48mm，壁厚3.5mm，钢材强度等级 Q235-A，钢管表面平直光滑，无裂纹、分层、压痕、划道和硬弯。

钢管脚手架的搭设使用可锻造扣件，符合建设部《钢管脚手扣件标准》（JGJ 22—85）的要求，扣件不得有裂纹、气孔、缩松、砂眼等锻造缺陷，扣件的规格应与钢管相匹配，贴和面应平整，活动部位灵活，夹紧钢管时开口处最小距离不小于5mm。

安全网采用密目式安全网，网目满足 2000 目/100cm^2，做耐贯穿试验不穿透，1.6m × 1.8m 的单张网质量在 3kg 以上，颜色为满足环境效果要求选用绿色。要求阻燃，使用的安全网必须有产品生产许可证和质量合格证。

连墙件采用钢管，其材质符合现行国家标准《碳素结构钢》（GB 700—2006）中 Q235A 钢的要求。

（3）脚手架的搭设。落地脚手架搭设的工艺流程为：场地平整、夯实→基础承载力实验、材料配备→定位设置通长脚手板、底座→纵向扫地杆→立杆→横向扫地杆→小横杆→大横杆（搁栅）→剪刀撑→连墙件→铺脚手板→扎防护栏杆→扎安全网。

26.4.2　课程设计任务

请根据该工程项目概况编制脚手架的安全技术措施。

26.4.3　参考依据

《建筑施工扣件式钢管脚手架安全技术规范》（JGJ 130—2001）；

《建筑施工安全检查标准》（JGJ 59—99）。

26.4.4　方案内容要点

（1）脚手架的搭设要求及安全保障措施：

1）立杆基础及间距要求；

2）大横杆、小横杆及剪刀撑的设置；

3）脚手板、脚手片的铺设要求；

4）防护栏杆的设置要求；

5）连墙件的设置；

6）架体内的封闭要求；

7）人员、天气、材料及重要节点的安全保障措施。

（2）脚手架拆除安全技术措施：

1）拆架的步骤及方法；

2）安全措施；

3）材料堆放地点；

4）劳动组织安排。

（3）脚手架的检查与验收：

1）验收的负责人；

2）验收时应具备的文件。

26.5 选 题 五

26.5.1 工程项目概况

（1）建筑总说明。该工程项目位于河北省石家庄市，占地面积约 1.5 万平方米，地下 1 层，地上 24 层。地下室埋深 7.1m，1 层层高 5.18m，标准层高 3m。

总建筑面积：99017.78m²。

总建筑高度：77.30m。

结构类型：地下室为框架结构，其余为剪力墙结构。

民用建筑分类：住宅商铺。

设计使用年限：50 年。

高层建筑分类：一类；耐火等级：一级。

抗震设防烈度：6 度。

（2）施工现场机械用电量。施工现场机械用电量见表 26-3。

表 26-3 施工现场机械用电量

序 号	设备、名称	型 号	数 量	功率/kW	合计/kW
1	塔吊	QTZ5009	2	34.4	34.8
2	施工电梯		2	17	34
3	搅拌机	JZC350	2	5.5	11
4	砂浆搅拌机	H200	2	3.0	6
5	打夯机	HW-60	4	2.2	8.8
6	插入式振捣器	HZB26×50	4	1.1	4.0
7	平板振动器	ZB11	8	1.1	22.0
8	钢筋弯曲机	GJ7-40	1	3.0	3.0
9	钢筋切断机	CQ40A	1	3.0	3.0
10	钢筋调直机	TTW5A	1	3.0	3.0
11	电焊机	BX3-630	4	11.5	18
12	对焊机	DX1-630	2	60	120
13	水泵		2	1	6
14	拖泵		1	90	90

（3）配电方式。总箱配出线采用放射式和树干式相结合的配电方式，对负荷比较大的配电点可用单独回路配电，对负荷较远又比较小的配电点上的分箱可采用树干式配电方式。总箱中的一路配线先到较近负荷点的分配电箱，再到较远的负荷点分配电箱，一路线上带的分配电箱数量一般为2～3个，由分配电箱至设备开关箱配线采用放射式或链式配线，对重要负荷或较大负荷采用放射式单路直配，对较小的负荷可采用链式配线，但每路链接设备不宜超过5台，其总容量不宜超过10kW，对大容量的对焊机、塔吊可从总箱以放射式单回路形式直配。

本系统总负荷较大，且有较大单项负荷，所以配电方式采用放射式，即总配电箱出线，带分配电箱，分配电箱放射出线，带几个开关箱（见图26-1）。

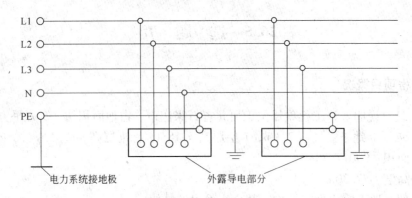

图26-1　供配电系统图

（4）现场勘探及初步设计。该工程项目所在施工现场范围内无各种埋地管线。现场采用380V低压供电，设一配电总箱，内有计量设备，采用TN-S系统供电。根据施工现场用电设备布置情况，采用导线穿钢管埋地敷设，采用三级配电，两级防护，接地电阻$R \leqslant 4\Omega$。

26.5.2　课程设计任务

请根据该工程项目概况编制施工用电的安全技术方案。

26.5.3　参考依据

《低压配电设计规范》（GB 50054—95）；

《建筑工程施工现场供电安全规范》（GB 50194—93）；

《通用用电设备配电设计规范》（GB 50055—93）；

《供配电系统设计规范》（GB 50052—95）；

《施工现场临时用电安全技术规范》（JGJ 46—2005）；

《建筑施工安全检查标准》（JGJ 59—99）。

26.5.4　方案内容要点

（1）安全用电技术措施：

1）保护接地；

2）保护接零；

3）设置漏电保护器；

4）安全电压；

5）电气设备的设置要求；

6）外电线路及电气设备防护；

7）施工现场的配电线路；

8）施工现场的电缆线路。

（2）安全用电防火措施：

1）防火检查制度；

2）施工组织设计中的线路保护；

3）导线架设的安全间距；

4）配电室的防火措施。

26.6 选 题 六

26.6.1 工程项目概况

（1）建筑总说明。该工程项目位于黑龙江省佳木斯市，拟建建筑物由一栋高7层的住宅楼带1层地下室及1层地下车库组成，基础拟采用筏板基础，基础埋置深度约为－8.4m，基坑开挖深度约为10.0m（自然地面下）。

（2）场地工程地质条件：

1）地形地貌。拟建场地位于站前加油站西侧，交通较方便。拟建场地为拆迁空地，地形较平坦。场地自然地坪标高（以钻孔孔口标高为准）80.25～80.96m，相对高差0.71m。

2）地层岩性。勘探深度内，场地地层从上至下依次为第四系全新统河流相冲积地层。地层岩性分述如下：

杂填土：色杂，主要由砖瓦块及少量黏性土等组成；结构杂乱，松散。

粉质黏土：伏于杂填土层之下，厚度0～3.30m，黄色，稍湿，可塑，无摇振反应，光泽反应为稍有光泽，干强度中，韧性中，主要由粉粒和黏粒组成，该层下部粉粒增多而变为粉土。

中砂：黄灰色，系长石、石英、云母细片、岩屑及暗色矿物等颗粒组成，混少量黏粒、松散。全场地普遍分布于卵石土层顶部和呈透镜体状分布于卵石土层中。分布于卵石土层顶部的中砂最大厚度3.80m；分布于卵石土层中的中砂最大厚度0.60m。

砾砂：伏于中砂层之下，在钻探深度范围内厚度3.50～6.20m，黄色、湿-饱水、稍密，颗粒级配不良，粒径2～35mm，最大可达150mm，砾石占50%～60%左右，由火成岩和变质岩组成。该层局部粒径大于2mm，颗粒含量大于50%而变为圆砾。

（3）基坑护壁方案的选择。本工程基坑东北、西北方向作为土建单位施工通道且局部地段开挖后无放坡条件，为了确保安全，必须要严格控制变形，因此采用排桩（悬壁桩）的护壁方案。排桩为人工挖孔桩，其余地段均采用喷锚护壁。

26.6.2　课程设计任务

请根据该工程项目概况编制基坑护壁的安全技术方案。

26.6.3　参考依据

《建筑基坑工程技术规范》(YB 9258—97);

《建筑基坑支护技术规范》(JGJ 120—99);

《锚杆喷射砼支护技术规范》(GB 50086—2001);

《建筑边坡工程技术规范》(GB 50330—2002);

《岩土锚杆(索)技术规程》(CECS 22—2005);

《混凝土结构设计规范》(GB 50010—2002);

《建筑桩基技术规范》(JGJ 94—94)。

26.6.4　方案内容要点

(1)护壁施工质量控制措施:

1)修整面壁质量控制措施;

2)锚杆制作质量控制措施;

3)喷射作业质量控制措施;

4)锚杆压浆质量控制措施;

5)锚杆成孔施工质量控制措施;

6)网片焊接质量控制措施。

(2)人工挖孔桩施工安全措施:

1)基本的人员安全防护措施;

2)安全警示标志的设置;

3)基坑护壁的监测措施。

(3)应急预案:

1)预警指标出现后的应急措施;

2)突发灾害的抢险措施。

26.7　选　题　七

26.7.1　工程项目概况

(1)建筑总说明。该工程项目位于江苏省连云港市,建筑总面积为 18177.9m²,其中地上 16956.4m²(含设备夹层 1049.3m²),地下面积为 1221.5m²。本工程项目为框架结构,工程等级为特级,建筑使用年限为 50 年,抗震等级为 7 度。在工程项目中设置 4 部普通货梯和 2 部自动扶梯。现场施工过程中使用卷扬机提升重物,部分施工中用到龙门架及塔式起重机。

(2)吊装对象:

1）木工模板，支撑材料及构件。

2）钢管脚手架及扣件。

3）斗装砂浆。

4）钢筋原材料、半成品。

5）大中型机具、设备。

（3）吊装方法：

1）模板、小型工具、扣件吊装，现场制作吊笼，上述物件放在吊笼内进行吊运。

2）体形较长的构件，如钢管、钢筋原料、成品半成品采用钢筋绳套，在两端对称位置捆扎牢固后挂钩起吊。

3）大中型机具设备吊装前，先了解设备的重量是否在塔吊及吊索、吊环的允许范围内，再确定好吊点及数量方可正式吊装。

26.7.2　课程设计任务

请根据该工程项目概况编制起重吊装工程的安全技术措施。

26.7.3　参考依据

《建筑地基基础设计规范》（GB 50007—2011）；

《混凝土结构设计规范》（GB 50010—2010）；

《钢结构设计规范》（GB 50017—2006）；

《塔式起重机安全规程》（GB 5144—94）；

《塔式起重机操作使用规程》（ZBJ 80012—2009）；

《建筑卷扬机安全规程》（GB 13329—2002）；

《施工升降机安全规则》（GB 10055—2002）；

《建筑施工安全检查标准》（JGJ 59—99）。

26.7.4　方案内容要点

（1）危险源分析。

（2）危险源处理措施：

1）防止高处坠落及高空坠落伤人措施；

2）防止起重机事故措施；

3）防止触电和防雷击措施。

（3）现场应急措施：

1）应急组织机构及职责；

2）应急预案。

26.8　选　题　八

26.8.1　工程项目概况

该工程项目位于辽宁省沈阳市。该工程包括 A 号楼、B 号楼、C 号楼、D 号楼、E 号楼及地下车库工程，其中 A 号楼建筑面积为 22067.62m²，层数为 33 层，建筑高度为 96.73m；B 号楼建筑面积为 22835.43m²，层数为 33 层，建筑高度为 96.73m；C 号楼建筑面积为 15535.29m²，层数为 33 层，建筑高度为 96.73m；D 号楼建筑面积为 6851.27m²，层数为 8 层，建筑高度为 26.03m；E 号楼建筑面积为 17703.27m²，层数为 32 层，建筑高度为 96.63m。

26.8.2 课程设计任务

请根据该工程项目概况编制高处作业的安全技术措施。

26.8.3 参考依据

《建筑施工安全检查标准》（JGJ 59—99）；

《建筑施工暗处作业安全技术规范》（JGJ 80—91）；

《扣件式钢管脚手架安全技术规范》（JGJ 130—2011）；

《建筑施工高处作业安全技术规范》（JGJ 80—1991）。

26.8.4 方案内容要点

（1）高处作业安全管理：

1）场内安全管理组织结构；

2）场内人员、物品安全管理措施。

（2）高处作业安全技术：

1）洞口、临边防护；

2）脚手架、塔吊、操作平台、电梯安全管理措施；

3）模板工程、钢筋工程、混凝土浇捣工程安全措施。

（3）现场应急措施：

1）应急组织机构及职责；

2）应急预案。

26.9 选 题 九

26.9.1 工程项目概况

（1）建筑总说明。该工程项目位于江苏省南京市，工程总建筑面积 30835.03m²。其中，地下 1 层建筑面积为 7912.8m²；地上 17 层，建筑面积为 22922.25m²。结构形式：框架剪力墙结构；建筑物总高度：70.5m。该建筑物抗震设防烈度：6 度；耐火等级：一级；建筑分类：一类高层办公楼；地下车库兼六级人防；建筑使用年限：50 年。

（2）气候条件。根据工程进度计划，该工程项目的基础及部分主体结构施工期间为冬季，部分装饰施工期间为冬季及夏季。南京气候四季分明，属于北亚热带湿润气候，冬季相对南方其他地区，较为寒冷，最低达到 −14℃，雨季时间较长，最长连续降水日 177.3 毫米/12 日。夏季温度也偏高，是中国"火炉城市"之一。为了确保工程质量，需制订雨季施工，冬季、夏季施工措施。

26.9.2　课程设计任务

请根据该工程项目概况编制季节性施工的安全技术措施。

26.9.3　参考依据

《建筑施工安全检查标准》（JGJ 59—99）；
《砌体工程施工质量验收规范》（GB 50203—2011）；
《地下防水工程质量验收规范》（GB 50208—2002）；
《屋面工程质量验收规范》（GB 50207—2002）。

26.9.4　方案内容要点

（1）冬季施工安全技术措施：
1）土方工程（防治土壤冻胀、土方开挖、土方回填）；
2）混凝土工程（混凝土的低温养护、钢筋的低温焊接）；
3）砌筑工程（材料的防冻和保温措施）。
（2）雨季施工安全技术措施：
1）材料的防雨防潮措施；
2）雨季施工基坑的排水措施。
（3）夏季施工安全技术措施：
1）台风期间施工安全技术措施（塔吊及墙体的加固、断水断电的应对措施等）；
2）高温季节施工安全技术措施（合理安排作息、防暑降温、防火等）。

26.10　选　题　十

26.10.1　工程项目概况

该建筑工程项目位于海南省三亚市，为一栋18层高建筑物，设1层地下室。地上建筑面积为17346.53m²，地下建筑面积为2651.47m²，总建筑面积为19998m²。工程项目要求建立良好的施工环境，实现施工现场"零"伤亡，做到"工完料尽场地清"，现场施工过程完全按照国家绿色施工标准进行，将该工程项目作为该公司绿色施工经典案例。

26.10.2　课程设计任务

请根据该工程项目概况编制现场的文明施工方案。

26.10.3　参考依据

《现场文明施工管理措施》；
《现场文明施工规范》；
《现场安全文明施工规范》；

《现场文明施工标准》(20071205);

《建设工程安全生产管理条例》(国务院第393号);

《施工现场临时用电安全技术规范》(JGJ 46—2005);

《建筑工程安全防护、文明施工措施费用及使用管理规定》;

《房屋建筑和市政工程生产安全事故报告和调查处理工作条例》。

26.10.4　方案内容要点

(1) 文明施工管理体系:

1) 文明施工管理机构及职责;

2) 文明施工目标;

3) 文明施工管理方案;

4) 文明施工方面的承诺。

(2) 文明施工管理措施:

1) 现场施工防火措施;

2) 夜间施工措施;

3) 施工现场防扰民措施。

(3) 文明施工环保措施:

1) 绿色施工措施;

2) 现场绿色施工材料管理和资源利用;

3) 现场施工对环境影响控制。

(4) 监督检查措施。

27　土木工程事故分析课程设计选题

27.1　选　题　一

27.1.1　事故概况

某工程项目 12 号楼为钢筋混凝土剪力墙结构，平面尺寸为长 58.1m×宽 17.2m，建筑总面积 10509.85m^2，地上 12 层（层高 2.9m）、地下 2 层（层高 3.6m、5.4m），建筑物总高度 35.85m。该工程项目于 2012 年 5 月开工，计划 2014 年 6 月竣工。该工程项目主体结构已施工至 9 层，事故发生时正在支设 9 层剪力墙全钢大模板。

该工程项目主体混凝土结构施工采用剪力墙与顶板分两次支模浇捣混凝土，剪力墙模板为全钢大模板，顶板模板为竹胶板、承插式钢管架支设。施工外架为钢管扣件搭设，3 层以下至目前室外地面（-9.5m）为落地式双排外架，架体高度为 18.2m；3~9 层架体为 I14 工字钢悬挑外架，架体高度为 19m(6 层半楼层高度)。

2013 年某日 17 时 10 分左右，木工赵某正在该楼 9 层东北角进行剪力墙全钢大模板施工操作时，从该层悬挑架外侧坠落至目前室外混凝土地面（-9.5m）上，坠落高度约32.7m，后经送医院抢救无效于 18 时 20 分左右死亡。

27.1.2　课程设计任务

请针对该事故编制事故分析报告。

27.1.3　设计步骤

设计步骤如下：

(1) 查阅文献资料，掌握高处作业注意事项，操作规范和相关的安全技术措施；

(2) 事故基本数据统计及特征分析，确定事故类型；

(3) 针对该事故选用致因理论，并进行致因分析；

(4) 明确该事故直接原因与间接原因；

(5) 对该事故进行性质认定；

(6) 通过原因分析，提出该事故现场事后整改措施及建议。

27.2　选　题　二

27.2.1　事故概况

2010 年某日，某项目 23 层混凝土浇筑施工完毕，主体封顶，木工班组开始拆除、清运22、23层模板支撑物料。下午1时，木工班组负责人安排马某等三名木工将22层拆卸下的模板搬运到该层南面东侧的卸料平台上，准备向下吊运。施工过程中，由马某负责在卸料平台上摆放物料，另两名木工负责在楼内将拆卸模板递给马某。马某违反高空作业安全管理规定，在未使用安全带的情况下登上卸料平台进行工作，于下午3时许，不慎从卸料平台上坠落，当场死亡。

27.2.2　课程设计任务

请针对该事故编制事故分析报告。

27.2.3　设计步骤

设计步骤如下：

（1）查阅文献资料，掌握高处作业注意事项，操作规范和安全技术措施要求；

（2）事故基本数据统计及特征分析，确定事故类型；

（3）针对该事故选用致因理论，并进行致因分析；

（4）明确该事故直接原因与间接原因；

（5）对该事故进行性质认定；

（6）通过原因分析，提出该事故现场事后整改措施及建议。

27.3　选　题　三

27.3.1　事故概况

2006年9月19日8时30分，在某住宅建设项目工地，某安装工程公司项目部组织作业人员在热力管沟内进行施工时，砖胎模砌体突然倾斜倒塌，最终导致1人死亡、3人受伤的严重事故。

事后调查到，在施工时，已浇筑的砖胎模高2m厚240mm，由于条件限制，部分砖胎模砌筑厚度改为120mm，未采取加固加强措施，致使砖胎模整体刚度严重不足。另外，该项目相关作业人员，在砖胎模砌筑时，未严格按照相关规范进行施工，砖浇水湿润以及砂浆配合比控制不合格，灰缝饱满度及垂直度不符合规范要求，导致砖胎模整体刚度和砌体强度达不到要求；又由于违反了施工程序，在砖胎模砌筑后，在砌体强度未达到可进行回填土施工强度时就进行回填土施工，此时回填土对砖胎模侧向压力逐渐加大，最终超过了砖胎模抗侧压力承受范围。该项目部相关管理人员，在安排组织施工作业任务时，违反施工程序、盲目施工、不严格执行安全技术交底，在施工过程中监督检查不力，没能够及时发现并纠正砖胎模存在的不安全状态和相关作业人员的不安全行为。

27.3.2　课程设计任务

请针对该事故编制事故分析报告。

27.3.3　设计步骤

设计步骤如下：

（1）查阅文献资料，掌握砖胎模砌体施工方法；

（2）事故基本数据统计及特征分析，确定事故类型；

（3）针对该事故选用致因理论，并进行致因分析；

（4）明确该事故直接原因与间接原因；

（5）对该事故进行性质认定；

（6）通过原因分析，提出该事故现场事后整改措施及建议。

27.4 选 题 四

27.4.1 事故概况

2007年11月6日上午10时40分，某建筑工地有一高度为13m的挡土墙随同墙后边坡大面积发生坍塌，造成正在基础施工的6名女作业人员被泥土掩埋死亡。

事后了解到，挡土墙坍塌处，挡土墙地基为淤泥和松软土质结构层，在挡土墙施工时忽视了部分软弱地基的处理与加固，基底开挖又造成挡土墙底部部分基础悬空，在上部重荷和边坡侧向推动作用下，致使局部挡土墙大面积坍塌。此外，现场作业人员安全意识淡薄，现场安全管理的督导也不力，没有落实好安全防范措施。该工程项目未进行招投标就直接建设，而且也未能提供翔实的地质资料和标准施工图，未办理《施工许可证》，未报建批准擅自开工，违法承包、监管不力；施工安全管理人员对事故隐患检查不及时，重视的也不够，违章指挥。

27.4.2 课程设计任务

请针对该事故编制事故分析报告。

27.4.3 设计步骤

设计步骤如下：

（1）查阅文献资料，掌握地基加固处理的基本方法与预防基坑坍塌的措施；

（2）事故基本数据统计及特征分析，确定事故类型；

（3）针对该事故选用致因理论，并进行致因分析；

（4）明确该事故直接原因与间接原因；

（5）对该事故进行性质认定；

（6）通过原因分析，提出该事故现场事后整改措施及建议。

27.5 选 题 五

27.5.1 事故概况

2006年6月2日17时40分，某工地在物料提升机安装过程中，发生架体倾覆，造成3人死亡的重大事故。

该事故中，安装作业人员严重违反国家有关标准、规范和产品使用说明书安装方案的规定，在物料提升机架体搭设过程中，未及时设置临时缆风绳等加固设施，在架体安装至 30m 高度时无固定设施，无法保证架体稳定的情况下，又未按规定全面检查物料提升机，违章开动卷扬机实施试车物料提升机的基础浇筑，严重偷工减料且混凝土未达到养护龄期，在试车时物料提升机的过渡地滑轮基础埋件拔出，造成架体顶部力矩突然加大而倾覆。

生产厂家不具备建筑施工设备安装资质，且未建立安装物料提升机的一系列安全管理制度。雇用非本单位人员又无上岗证的顾某组织未经专业培训的人员进行安装作业。安装前，未按规定和施工方一起对物料提升机基础的实际施工情况和混凝土强度进行认真检查验收；安装时，未提供专项施工方案，也未就安装工作提出具体要求和进行技术交底，在基础混凝土未达到养护龄期，其强度远远未达到设计要求的情况下进行安装作业，安装作业严重违反国家有关规范与标准。

另外，施工单位不重视安全生产，管理工作混乱。物料提升机架体基础未按图纸施工，偷工减料，质量低劣，未对其进行认真检查，在混凝土未达到养护龄期的情况下要求安装；现场监管不力，未对安装人员资格做严格审查；姚某擅自违章爬上架体安装照明电具。

27.5.2　课程设计任务

请针对该事故编制事故分析报告。

27.5.3　设计步骤

设计步骤如下：

（1）查阅文献资料，掌握物料提升机安全操作规程；

（2）事故基本数据统计及特征分析，确定事故类型；

（3）针对该事故选用致因理论，并进行致因分析；

（4）明确该事故直接原因与间接原因；

（5）对该事故进行性质认定；

（6）通过原因分析，提出该事故现场事后整改措施及建议。

27.6　选　题　六

27.6.1　事故概况

2006 年 10 月 28 日 11 时 27 分，某综合楼工地，23 名施工作业人员在 12 层（高度为 54m）违章乘坐货用施工升降机下楼，操作人员违章作业，升降机严重超载，致使吊笼失去控制后加速坠落，导致 5 人死亡，18 人重伤的事故。

经过调查了解，施工单位施工人员违章乘坐货用升降机且严重超载，致使卷扬机制动器的制动力矩不足，不能阻止吊笼在严重超载情况下的下落，加之下落过程中的传动部件运动速度远超出产品设计条件及国家有关规范，造成零部件破坏解体，吊笼失去制动后加速坠落。在该事故中升降机操作人员无证上岗，未经培训，允许多人乘坐货用施工升降机。施工单位安全管理混乱，责任制不落实，安排无证人员上岗，安全检查不严、不细，没能及时发现并制止工人乘坐货用施工升降机的违章行为。

27.6.2 课程设计任务

请针对该事故编制事故分析报告。

27.6.3 设计步骤

设计步骤如下：
（1）查阅文献资料，掌握施工电梯安全操作规程；
（2）事故基本数据统计及特征分析，确定事故类型；
（3）针对该事故选用致因理论，并进行致因分析；
（4）明确该事故直接原因与间接原因；
（5）对该事故进行性质认定；
（6）通过原因分析，提出该事故现场事后整改措施及建议。

27.7 选 题 七

27.7.1 事故概况

2012 年某日，事故发生在某项目 19 号楼施工现场。事故发生前，某工程机械有限公司塔吊操作员李某在某建筑劳务有限责任公司塔吊指挥员黄某 A、作业人员黄某 B 等人配合下，对放置于 19 号楼东北侧的模板支撑钢管进行转运。吊装过程中，由黄某 B 等人负责捆扎钢管，塔吊指挥员黄某 A 负责指挥塔吊将钢管转运至停放于该楼南侧的货运车。当黄某 B 等人捆扎好第三批起吊钢管后，黄某 A 在作业人员未完全撤离危险区域时，向塔吊操作员李某下达起吊指令，钢管随即被起吊。但是在吊至楼顶操作塔吊向南转动大臂时，由于起吊高度不足，钢管与 19 号楼东北侧顶层施工外架发生碰撞，钢管受水平撞击力后导致吊钩内钢丝绳夹角分力瞬间增大。同时由于该吊钩未按国家规范设置防脱绳装置，钢丝绳将吊钩内违规加焊的防脱钢筋挤压变形后，从吊钩内脱落，致使起吊钢管散落。下坠钢管正好砸中未及时撤离现场的黄某 B 的头部，致其重度颅脑损伤，后经抢救无效死亡。

27.7.2 课程设计任务

请针对该事故编制事故分析报告。

27.7.3 设计步骤

设计步骤如下：
（1）查阅文献资料，掌握起重伤害事故特点，起重作业规范和安全技术措施要求；
（2）事故基本数据统计及特征分析，确定事故类型；
（3）针对该事故选用致因理论，并进行致因分析；

（4）明确该事故直接原因与间接原因；

（5）对该事故进行性质认定；

（6）通过原因分析，提出该事故现场事后整改措施及建议。

27.8　选　题　八

27.8.1　事故概况

2007 年 6 月，某工地现场人员发现某公司的塔吊主钢丝绳出现"起毛"现象，即通知该公司及时更换新绳。6 月某日上午，该公司指派塔吊操作人员于某、娄某前往工地更换塔吊钢丝绳。换绳过程中，由于现场人员操作不当，致使新钢丝绳局部打结报废。当日 14 时许，该公司派人又送来一副新钢丝绳，在塔吊司机的协助下，该公司操作人员于某、娄某成功更换主钢丝绳后，塔吊即投入使用。当晚 21 时许，该塔吊在 C 座 22 层楼面起吊混凝土作业过程中，料斗至楼面 1.5m 时，主钢丝绳突然断裂，致使吊钩、料斗跌落至楼面，但未造成人员伤亡。次日下午，公司操作人员于某、娄某再次携带新钢丝绳前往该工地，在现场人员的配合下，重新更换了塔吊主钢丝绳后，该塔吊再次投入使用。

五日后的某下午 16 时 30 分许，工地西侧塔吊司机权某在地面指挥卫某的指令下，开始协助混凝土班作业人员将 C 座 23 层楼面混凝土吊运至塔吊北侧地面。权某在楼面将装满混凝土的料斗提升后，既操作变幅小车行至塔吊大臂根部位置，同时将塔吊大臂由南经西向北回转至塔吊北侧地面上空，然后放下吊钩，待地面人员将料斗内混凝土倒出后再起升吊钩，从北经西向南将空料斗送回至 23 层楼面。16 时 55 分许，权某驾驶塔吊按照上述方式将第三斗混凝土运至地面后，即起升吊钩、操作变幅小车向大臂前端行走并同时回转塔吊大臂。当塔吊大臂回转至西北向时，权某发现工地东北侧的另一台塔吊大臂停在指向其塔吊驾驶室的位置，为防止自己的塔吊尾部碰到东北侧塔吊大臂，权某停止了大臂回转操作，而继续进行起升和变幅小车行走。随即，塔吊主钢丝绳突然断裂，致使塔吊吊钩和空料斗从大约 60m 的高空坠下，砸至大臂下方工地西侧活动房的西北角上，接连砸穿三楼、二楼楼面，将正在活动房三楼西北角宿舍内休息的木工杜某从三楼砸至二楼地面。

事故发生后，现场人员迅速将杜某从活动房二楼救出，并送往医院抢救。入院后，经医护人员确认，杜某已于院外死亡。

27.8.2　课程设计任务

请针对该事故编制事故分析报告。

27.8.3　设计步骤

设计步骤如下：

（1）查阅文献资料，掌握起重伤害事故特点，起重作业规范和安全技术措施要求；

（2）事故基本数据统计及特征分析，确定事故类型；

（3）针对该事故选用致因理论，并进行致因分析；

（4）明确该事故直接原因与间接原因；

（5）对该事故进行性质认定；

（6）通过原因分析，提出该事故现场事后整改措施及建议。

27.9 选 题 九

27.9.1 事故概况

2008年3月5日，某建筑公司锅炉改扩建项目中，公司辅助工周某在进行施工工地现场清理作业时，未听安全监护人员劝告，擅自进入红白带禁区内清理夹头。

此时该队另一普工曹某正在10m高的平台上寻找工具，不慎碰动一块小铜板，铜板从10m高平台的预留洞口滑下，正好击中周某斜戴着的安全帽的头部，经抢救无效，周某于3月12日死亡。

27.9.2 课程设计任务

请针对该事故编制事故分析报告。

27.9.3 设计步骤

设计步骤如下：

（1）查阅文献资料，掌握施工现场针对交叉作业应采取的人员隔离措施；

（2）事故基本数据统计及特征分析，确定事故类型；

（3）针对该事故选用致因理论，并进行致因分析；

（4）明确该事故直接原因与间接原因；

（5）对该事故进行性质认定；

（6）通过原因分析，提出该事故现场事后整改措施及建议。

27.10 选 题 十

27.10.1 事故概况

2008年10月9日15时，某建筑工程项目发生火灾，经核定直接财产损失为215.59万元，起火建筑为A、B两栋，均为地下1层，地上28层，1~4层裙房为商服，5~28层为住宅，A栋与B栋之间5~20层是连结体，楼高99.8m。起火时建筑主体已完工，有106名工人正在楼内装修，在A栋裙房1层天棚装饰及外墙保温中使用了聚氨酯泡沫，A栋裙房先起火，沿外墙迅速蔓延至20层以上，并伴有大量黑色浓烟，有人在互联网上录像播放，造成了恶劣的社会影响。起火部位在建筑工程A栋建筑南侧1层裙房第四轴至第五轴之间，起火点在建筑工程A栋建筑南侧1层裙房第四轴至第五轴之间天棚顶部悬挑以40mm×40mm方通钢管断头处为中心，直径为1m的范围内。起火点下方地面处现场提取zx7250型电焊机一台，电焊机电源线连着电焊枪一个，枪口夹电焊条一段，经工人林某、钟某证实为其所用的电焊工具。起火点下方还提取了一个40mm×40mm方通钢管，电焊熔珠6个。工人林某、钟某供述，在起火点处用电焊切割方通钢管引燃聚氨酯泡沫起火，询问施工现场其他工人均证实林某和钟某在起火点处施工导致火灾发生。

27.10.2　课程设计任务

请针对该事故编制事故分析报告。

27.10.3　设计步骤

设计步骤如下：

（1）查阅文献资料，掌握《建筑施工防火规范》（GB 50016—2006）和焊接施工过程安全控制措施；

（2）事故基本数据统计及特征分析，确定事故类型；

（3）针对该事故选用致因理论，并进行致因分析；

（4）明确该事故直接原因与间接原因；

（5）对该事故进行性质认定；

（6）通过原因分析，提出该事故现场事后整改措施及建议。

参 考 文 献

[1] 李慧民. 土木工程安全管理教程[M]. 北京: 冶金工业出版社, 2013.

[2] 李慧民. 土木工程安全检测与鉴定[M]. 北京: 冶金工业出版社, 2014.

[3] 李刚强. 安全生产条件评价理论与时间[M]. 南京: 东南大学出版社, 2007.

[4] 住房和城乡建设部工程质量安全监管司组织编写. 建设工程安全生产技术(修订版)[M]. 北京: 中国城市出版社, 2014.

[5] 常占利. 安全管理基本理论与技术[M]. 北京: 冶金工业出版社, 2011.

[6] 张四平. 基础工程施工[M]. 北京: 中国建筑工业出版社, 2012.

[7] 汪正荣, 朱国梁. 简明施工手册[M]. 北京: 中国建筑工业出版社, 2014.

[8] 高向阳, 秦淑清. 建筑工程安全管理与技术[M]. 北京: 北京大学出版社, 2013.

[9] 杨杰, 卢国华. 建设安全管理[M]. 北京: 中国电力出版社, 2013.

[10] 中国建筑业协会建筑安全分会, 等. 建筑施工安全检查标准图解[M]. 北京: 中国建筑工业出版社, 2013.

[11] 许志中. 建筑工程安全技术与管理[M]. 武汉: 武汉理工大学出版社, 2011.

[12] 程国强, 任彦斌. 建筑施工特种作业安全生产知识[M]. 北京: 中国劳动社会保障出版社, 2011.

[13] 冯小川. 安全管理与生产技术[M]. 北京: 中国环境科学出版社, 2013.

[14] 陈红领. 建筑工程事故分析与处理[M]. 郑州: 郑州大学出版社, 2007.

[15] 王贵生, 苏晓梅. 安全生产事故案例分析(2010年版)[M]. 北京: 中国建筑工业出版社, 2010.

[16] 住房和城乡建设部工程质量安全监管司组织编写. 建筑施工生产安全事故案例分析[M]. 北京: 中国建筑工业出版社, 2014.

[17] 袁广林, 等. 建筑工程事故诊断与分析[M]. 北京: 中国建材工业出版社, 2007.

[18] 中华人民共和国住建部. 建筑施工安全检查标准 (JGJ 59—2011)[S]. 北京: 中国建筑工业出版社, 2011.

[19] 中国建筑业协会建筑安全分会. 建筑施工安全检查标准 (JGJ 59—2011)实施指南[M]. 北京: 中国建筑工业出版社, 2013.

[20] 中华人民共和国住建部. 施工企业安全生产评价标准 (JGJ/T 77—2010)[S]. 北京: 中国建筑工业出版社, 2010.

[21] 中华人民共和国建设部. 施工现场临时用电安全技术规范 (JGJ 46—2005)[S]. 北京: 中国建筑工业出版社, 2010.

[22] 中华人民共和国建设部. 建筑施工模板安全技术规范 (JGJ 162—2008)[S]. 北京: 中国建筑工业出版社, 2008.

[23] 中华人民共和国建设部. 混凝土结构工程施工质量验收规范 (GB 50204—2002)[S]. 北京: 中国建筑工业出版社, 2002.

[24] 中国国家标准化管理委员会. 职业健康安全管理体系规范(GB/T 28001—2011)[S]. 北京: 中国标准出版社, 2011.

[25] 筑龙网组编. 建设工程应急预案编制指导与范例精选[M]. 北京: 机械工业出版社, 2009.

冶金工业出版社部分图书推荐

书　名	作　者	定价(元)
冶金建设工程	李慧民　主编	35.00
建筑工程经济与项目管理	李慧民　主编	28.00
土木工程安全管理教程(本科教材)	李慧民　主编	33.00
土木工程安全检测与鉴定(本科教材)	李慧民　主编	31.00
现代建筑设备工程(第2版)(本科教材)	郑庆红　等编	59.00
土木工程材料(本科教材)	廖国胜　主编	40.00
地下建筑工程(本科教材)	门玉明　主编	45.00
工程项目评价(本科教材)	蒋红妍　主编	35.00
土木工程项目管理(本科教材)	郭　峰　编著	46.00
混凝土及砌体结构(本科教材)	赵歆冬　主编	38.00
岩土工程测试技术(本科教材)	沈　扬　主编	33.00
地基处理(本科教材)	武崇福　主编	29.00
工程地质学(本科教材)	张　荫　主编	32.00
工程造价管理(本科教材)	虞晓芬　主编	39.00
建筑施工技术(第2版)(国规教材)	王士川　主编	42.00
建筑结构(本科教材)	高向玲　编著	39.00
建设工程监理概论(本科教材)	杨会东　主编	33.00
建筑安装工程造价(本科教材)	肖作义　主编	45.00
高层建筑结构设计(第2版)(本科教材)	谭文辉　主编	39.00
土木工程施工组织(本科教材)	蒋红妍　主编	26.00
施工企业会计(第2版)(国规教材)	朱宾梅　主编	46.00
工程荷载与可靠度设计原理(本科教材)	郝圣旺　主编	28.00
土木工程概论(第2版)(本科教材)	胡长明　主编	32.00
土力学与基础工程(本科教材)	冯志焱　主编	28.00
建筑装饰工程概预算(本科教材)	卢成江　主编	32.00
建筑施工实训指南(本科教材)	韩玉文　主编	28.00
支挡结构设计(本科教材)	汪班桥　主编	30.00
建筑概论(本科教材)	张　亮　主编	35.00
Soil Mechanics(土力学)(本科教材)	缪林昌　主编	25.00
SAP2000结构工程案例分析	陈昌宏　主编	25.00
理论力学(本科教材)	刘俊卿　主编	35.00
岩石力学(高职高专教材)	杨建中　主编	26.00
建筑设备(高职高专教材)	郑敏丽　主编	25.00
现行冶金工程施工标准汇编(上册)		248.00
现行冶金工程施工标准汇编(下册)		248.00